大学生のための
情報リテラシー

張 磊・桐村 喬 著

共立出版

まえがき

　情報リテラシーとは，情報を選択・収集・分析・加工・発信する基本的能力である．情報技術（IT）の発展によって，情報機器における情報リテラシーは社会人にとって基本的なスキルのひとつとされている．

　大学生は，情報端末を使って，ネットサーフィンや電子メールの送受信，SNS の利用など，情報のやりとりをすることが多く，情報リテラシーについての系統的な学習は必要不可欠である．

　本書は下記のような内容から構成されている．
- パソコンの基本操作〔基礎知識と操作方法〕
- 電子メールと情報モラル〔G-mail，SNS，著作権等〕
- Word[1]の使い方〔基礎から高度なテクニックまで〕
- Excel の使い方〔基礎からデータ分析まで〕
- PowerPoint の使い方〔ダイナミックなプレゼンを目指す〕
- インターネットの活用〔情報収集・分析・加工〕

　本書は，教養科目のテキストとして，2 セメスターの分量となっている．

　この 1 冊でかなりの情報処理基礎技術と知識を習得できると確信している．なお，教育支援システム上で用意した e-Learning コンテンツおよび豊富な練習ファイルの併用によって，より吸収しやすいように工夫している．

　本書によって，初心者の学生諸君でもパワーユーザーへアプローチができればと願っている．

2018 年 1 月　　張　磊

1）　本書は，Microsoft Word で書き上げたものである．

目 次

1章　Windows 入門

1-1　基礎知識と操作❶ ... 1
1-1-1　ハードウェアとソフトウェアの知識 ……………………… 1
1-1-2　マウス操作とタッチパネル操作 ……………………… 2
1-1-3　起動・終了とデスクトップ画面 ……………………… 3

1-2　基礎知識と操作❷ ... 6
1-2-1　キーボード ……………………… 6
1-2-2　クイックアクセスメニューの使用 ……………………… 8
1-2-3　ウィンドウの操作 ……………………… 9

1-3　基礎知識と操作❸ ... 11
1-3-1　タスクバーアイコンの基本操作 ……………………… 11
1-3-2　エクスプローラ ……………………… 12

1-4　基礎知識と操作❹ ... 16
1-4-1　メモ帳の起動 ……………………… 16
1-4-2　文字入力と各種操作 ……………………… 16
1-4-3　作業途中の保存 ……………………… 18
1-4-4　中断した作業の再開 ……………………… 19

1-5　基礎知識と操作❺ ... 22
1-5-1　ショートカットの利用 ……………………… 22
1-5-2　Windows 標準アプリの活用 ……………………… 22
1-5-3　検索ボックスと Cortana で瞬時検索（参考） ……………………… 24
1-5-4　仮想デスクトップの利用（参考） ……………………… 25

2章　電子メール

2-1　電子メール❶ ... 27
2-1-1　電子メールの種類 ……………………… 27
2-1-2　Web メールの使用 ……………………… 29

2-2　電子メール❷　　　34

2-2-1　Gmail をメーラで使う ……………………… 34
2-2-2　Outlook の使い方 …………………………… 36
2-2-3　IMAP と POP の比較 ……………………… 39

3章　情報モラル

3-1　知的財産権とセキュリティ　　　41

3-1-1　知的財産権 …………………………………… 41
3-1-2　著作権 ………………………………………… 42
3-1-3　セキュリティ ………………………………… 43
3-1-4　SNS の危険性を知る ………………………… 44
3-1-5　電子メール利用に関するエチケット ……… 45

3-2　情報リテラシー　　　47

3-2-1　情報リテラシーとは ………………………… 47
3-2-2　情報収集・加工・分析・発信能力 ………… 47

4章　Word

4-1　Word の基礎編　　　50

4-1-1　Word の起動と終了 ………………………… 50
4-1-2　Word のインターフェース …………………… 50
4-1-3　文字列の編集 ………………………………… 51
4-1-4　前の作業状態に戻す ………………………… 52
4-1-5　文書保存 ……………………………………… 52
4-1-6　既存文書の編集 ……………………………… 52
4-1-7　文書印刷 ……………………………………… 53

4-2　Word の設定・書式編　　　55

4-2-1　各種表示モード ……………………………… 55
4-2-2　ページ設定 …………………………………… 55
4-2-3　ヘッダーとフッターの設定 ………………… 56
4-2-4　書式編集 ……………………………………… 57
4-2-5　その他の書式 ………………………………… 60

4-3　Word の図・表編　　　62

4-3-1　画像等の挿入と編集 ………………………… 62
4-3-2　表の簡単な作成方法 ………………………… 64

	4-3-3	表ツール	64
	4-3-4	表の計算（参考）	65
	4-3-5	Word でのグラフ作成（参考）	66

4-4　Word の脚注・目次機能編　　68

	4-4-1	脚注の挿入	68
	4-4-2	引用文献と参考文献	68
	4-4-3	目次作成	70
	4-4-4	相互参照	70
	4-4-5	索引作成	71

4-5　Word の校閲・差し込み機能編　　72

	4-5-1	文章校正	72
	4-5-2	オートコレクトとオートフォーマット	73
	4-5-3	差し込み文書（参考）	74

4-6　Word のその他の機能編　　76

	4-6-1	ブックマークとハイパーリンク	76
	4-6-2	文書のセキュリティ	77
	4-6-3	その他の文書フォーマット	78
	4-6-4	グループ文書機能（参考）	80

5章　Excel

5-1　Excel の基礎編　　81

	5-1-1	Excel の起動と終了	81
	5-1-2	Excel の画面説明	81
	5-1-3	Excel の基本操作	83

5-2　Excel の編集機能編　　87

	5-2-1	セルの書式設定	87
	5-2-2	セルの編集	88
	5-2-3	列と行の編集	90

5-3　Excel の関数機能編　　91

	5-3-1	数式の入力と編集	91
	5-3-2	関数の使用	92
	5-3-3	相対参照と絶対参照	93

5-4　Excel のグラフ機能編　　95

	5-4-1	グラフの種類	95

5-4-2	グラフの構成要素	95
5-4-3	グラフの作成と編集	96
5-4-4	ワークシートの印刷	98

5-5 Excel のテーブル機能編　　100

| 5-5-1 | テーブルの作成 | 100 |
| 5-5-2 | テーブルでの各種操作 | 100 |

5-6 Excel の分析機能編　　104

| 5-6-1 | データ入力規則の設定 | 104 |
| 5-6-2 | セル参照のチェックとエラー分析 | 105 |

6章 PowerPoint

6-1 PowerPoint の基礎編　　108

6-1-1	PowerPoint を知る	108
6-1-2	PowerPoint のインターフェース	109
6-1-3	スライドの作成	109
6-1-4	スライドの編集	112

6-2 PowerPoint アニメーション機能編　　114

6-2-1	スライドの切り替え効果	114
6-2-2	コンテンツのアニメーション設定	114
6-2-3	ナレーションの挿入	115
6-2-4	スライドショーファイルの作成	116
6-2-5	スライドの印刷	116

6-3 PowerPoint スライドショー編　　118

6-3-1	プレゼンテーションのリハーサル	118
6-3-2	スライドショーの実行	118
6-3-3	目的別のスライドショー作成	119
6-3-4	プレゼンテーション時に利用するツール	119
6-3-5	スライドのマスターの編集	121

7章 インターネット

7-1 インターネットの活用❶　　122

7-1-1	インターネットでできること	122
7-1-2	インターネットの仕組み	122
7-1-3	Web ページの仕組み	123

| 7-1-4 | Internet Explorer の画面構成 | 124 |
| 7-1-5 | Internet Explorer の使い方 | 125 |

7-2 インターネットの活用❷ 128

7-2-1	検索エンジン	128
7-2-2	Google サービス	128
7-2-3	Google 検索	129
7-2-4	Google フォト	130
7-2-5	Google マップ	131
7-2-6	スマートフォンの Google サービス利用（参考）	132

7-3 インターネットの活用❸（参考） 133

7-3-1	情報収集	133
7-3-2	情報加工・分析	134
7-3-3	情報保存	136
7-3-4	情報発信	137

付　録 　139

索　引 　145

1章 ■

Windows 入門

1-1　基礎知識と操作❶

1-1-1　ハードウェアとソフトウェアの知識

　ハードウェア（Hardware）とは，コンピューターシステムにおいて，コンピューター本体や周辺装置自体を示すものである．ここでは，コンピューターシステムを構成するハードウェアおよびその働きを紹介する．

制御装置：プログラムを解釈し，ほかの装置に命令を出す．
演算装置：プログラム内の命令に従って計算する．

　制御装置と演算装置をあわせて CPU（Central Processing Unit）と呼ぶ．

記憶装置：プログラムやデータを記憶する．**揮発性**[1]のある**主記憶装置**（メインメモリ，
　RAM）と不揮発性の**補助記憶装置**に分かれる．補助記憶装置としては主にハードディスク
　（HD），USB メモリ，CD，DVD，メモリカード（SD，メモリスティック等）がある．
入力装置：メインメモリにデータを入力する．キーボード，マウス，タッチパネル，バーコー
　ドリーダ，デジタルカメラ，スキャナー，OCR，マイク等がある．
出力装置：コンピューターによる計算結果等を何らかの形で出力する装置のことである．ディ
　スプレイ，プリンター等がある．

　上記の装置はノイマン型[2]コンピューターを構成する五大要素である．

　ソフトウェア（Software）とは，計算やデータ処理およびコンピューターを作動させるためのプログラム，関連する手順，操作法などの総称である．ソフトウェア（よくソフトと略され

---

　1)　電源を供給しないと記憶している情報を保持できない性質のことである．
　2)　コンピューターの基本的な構成法のひとつである．

る）は簡単に分けると**システムソフト**（いわゆる OS：Operating System）と**アプリケーションソフト**に分類される．OS が，ハードウェアとの直接的なやりとりを担っているのに対して，アプリケーションソフトは，OS のうえで実行されるプログラムのことで，ワープロソフト，表計算ソフト，Web ブラウザソフト，電子メールソフトなどが挙げられる．本書では，代表的な OS である Windows 10 と，代表的なアプリケーションソフトである Office 系列の Word・Excel・PowerPoint を取り上げる．

その他，UNIX，Mac OS，Linux 等の OS がある．Office 系列以外は，OpenOffice[3]等の無料で利用できるソフトもある．

1-1-2　マウス操作とタッチパネル操作

マウス操作の基本はクリック，ダブルクリック，ドラッグであり，ドラッグ操作の多くは**ドラッグ＆ドロップ**操作である．

　クリック：マウスの左か右ボタンを1回押し，すぐ離す．

　ダブルクリック：マウスの左ボタンを2回すばやくクリックする．

　ドラッグ：マウスの左ボタンを押したままマウスを移動し，最後に左ボタンを離す．

ドラッグ＆ドロップ（以降「D&D」と略す）：アイコン等のうえでマウスボタンを押し，ボタンを押したままで目的の場所までそれを移動し，マウスボタンを離すという一連の操作のことである．典型的な操作は，ファイルの移動（ Ctrl キーを押しながら行うとファイルのコピーができる），ダイアログボックスのサイズ変更，ウィンドウ位置の変更等である．

参考　タッチパネル操作の基本は：
タップ：対象に指を触れ，すぐ離す【実行や選択】．
エッジ：画面の外側領域から中心に向って画面に指を付けたまま動かす．
ターン：2本の指を画面に付けたまま，回転する【対象の回転】．
スライド：指を画面に触れたまま，横または縦方向に動かす【移動等】．
スワイプ：対象に指を触れたまま，特定の方向になでる【選択】．
プレス＆ホールド：指を対象に触れたままにする【対象の情報の表示】．
ピンチとストレッチ：2本の指を画面に触れたまま，閉じる（ピンチ），または開く（ストレッチ）【拡大，縮小】．

---

[3] オープンソース方式で開発されているオフィスソフトの名称である．

参考 他国の言語を使えるようにする．
操作❶ コントロールパネルから［時間，言語，および地域］欄の［言語の追加］→［言語の追加］の順にクリックする．
操作❷ 追加する言語を選択する．

練習 マウスの調整
操作❶ 設定（⊞＋Ⅰ）画面から［デバイス］→［マウスとタッチパッド］→［その他のマウスオプション］の順にクリックする．
操作❷ 図 1-1 のようにマウスポインターの速度等の設定を行う．

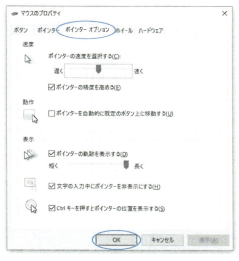

図 1-1

1-1-3 起動・終了とデスクトップ画面

起動 パソコンの電源をオンにし，しばらくすると，［ログイン］画面が表示される．あらかじめ登録された［**ユーザー名**］と［**パスワード**］を入力し Enter キーを押すと，［デスクトップ画面］が表示され，起動が終わる．

練習 デスクトップ画面のカスタマイズ（コントロールパネル等のアイコンを表示させる）
操作❶ デスクトップ画面を右クリックし，［個人用設定(R)］を選択する．
操作❷［設定］画面左側のタスクから［テーマ］をクリックし，右側の［デスクトップアイコンの設定］を選択する．
操作❸ 図 1-2 のように表示するアイコンを選択する．

デスクトップの画面構成と各部分の名称を説明する[4]．

❶ **スタートボタン**：クリックするとスタートメニューが表示される．右クリックするとクイックアクセスメニューが表示される（⊞＋X でも表示できる）．

❷ **電源ボタン**：［スリープ］，［シャットダウン］，［再起動］を行うときにクリックし，選択する．

図 1-2

---

4) 画面構成は，Windows のエディションによって若干異なる．

1章 Windows 入門

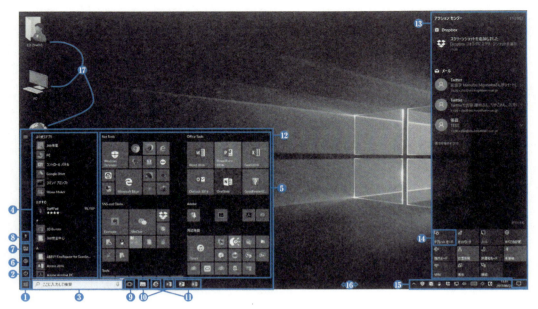

図 1-3

❸ **検索ボックス**：ここでキーワードを入力し，Web やパソコン内のデータを検索できる．横のマイクアイコンをクリックすると，音声アシスタント Cortana が起動する．

❹ **アプリ一覧**：すべてのアプリをアルファベット順に表示；よく使うアプリと最近追加したアプリも表示される．

❺ **アプリのタイル表示**：ピン留めしたアプリがタイル形式で表示される．

❻ **Windows 設定画面の表示**：様々な設定を行うことができる．

❼ エクスプローラが起動する．

❽ アカウント設定の変更・ロック・サインアウトの操作が選択できる．

❾ **タスクビューボタン**：開いているウィンドウの切り替えができる．「仮想デスクトップ」も使用できる．

❿ タスクバーにピン留めしたアプリのアイコン．

⓫ 起動中アプリのアイコン．

⓬ スタートメニュー

⓭ **アクションセンター**：システムやアプリからの通知を確認できる．このエリアの上部には通知一覧が表示され，下部にはクイックアクションのアイコンが並び，よく使う機能に簡単にアクセスできる．

⓮ **タブレットモード**：表示をタッチパネル用に切り替える．

⓯ **通知領域（タスクトレイ）**：音量やネットワークなど，起動中のアプリと各種機能の状態が表示される．

⓰ **タスクバー**：デスクトップ画面の下にあり，左端はタスクビュー，右端は通知領域である．起動中とピン留めのアプリがここにアイコンとして表示される．

⑰ デスクトップに配置されたアイコン．

練習　スタートメニュー・タイルのカスタマイズ

タイルサイズの変更：図 1-3 ❺エリアのタイルを右クリックし，［サイズ変更］を行える．タイルの種類によって，変更できるサイズが異なる．

タイルの表示／非表示：図 1-3 ❹エリアからタイルにピン留めしたいアプリを右クリックし，［スタート画面にピン留めする］を選択する．非表示にするタイルを右クリックし，［スタート画面からピン留めを外す］を選択する．

タイルのグループ／グループ名を付ける：タイル配置にある横長の隙間はグループ化されるタイルの別れ目である．その横長の隙間をクリックし，グループ名を付けることができる．なお，新たにグループを起こすには，タイルをスタートメニューの下部に D&D すればよい．

タイル位置の変更：タイルを D&D し，移動する．

終了　パソコンのシャットダウンは，① ⊞ ボタン→電源ボタン→［シャットダウン］の順にクリックする．② ショートカットコマンド ⊞ + X U U で行う．③ ボタン右クリック→［シャットダウンまたはサインアウト(U)］→［シャットダウン(U)］の順にクリックする．

表 1-1　キーボードショートカットコマンド

キー	操作内容
⊞	スタートメニューを開く／閉じる
⊞ + A	アクションセンターを開く
⊞ + I	Windows［設定］画面を開く
⊞ + L	パソコンをロックする
⊞ + Space	入力言語を切り替える

練習課題

① マウスポインターのサイズを変更してみる．

② タブレットモードに切り替え，本レッスンの内容を復習する．

本節の到達事項
- ハードウェアとソフトウェアの基礎知識
- マウスの基本操作
- デスクトップ画面各部分の名称
- Windows のシャットダウン

1-2 基礎知識と操作❷

本節では，Windows 基本操作の習得とキーボードのキーの機能を理解することを目標とする．

1-2-1 キーボード

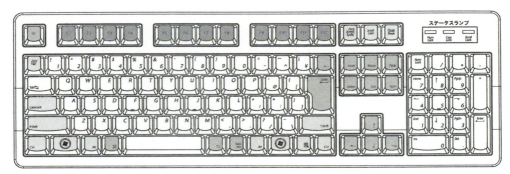

図 1-4

ここでは，最も一般的なキーボードである，109 キーの QWERTY（クウォーティー）配列キーボードを説明する．

ホームポジション：タッチタイピングを行う際，各指の所定配置である．キーを打つたびに毎回その位置に指を戻す．両手の人差指を F キーと J キー（小さな突起がある）に置き，左小指から人差指に向かって順に A S D F，右人差指から小指に向かって順に J K L ; に各指を置く．

- ☑ **文字キー**：英数字やひらがな，記号などが書かれたキーであり，文章入力やコマンド入力に使う．
- ☑ **ファンクションキー**：ソフトによって，それぞれ独自の機能が割り当てられることが多い．特に日本語変換を行う際に使用すると便利である．補助キーと組み合わせて使うときもある．
- ☑ **編集キー**：文章を編集するときに使われる．矢印キーはカーソルを上下左右に動かすときに使う．
- ☑ **補助キー**：単独に使うことが少なく，ほかのキー等と組み合わせて，様々なショートカットコマンドを実行するために使われる．
- ☑ **テンキー**：Num Lock ランプが点灯する際，数字入力となり，消灯の場合は編集キーとなる．

表 1-2

キー	押されたとき
Home と End	ホームとエンドキー：カーソルを行の先端と後ろに移動．

1-2 基礎知識と操作❷ 7

キー	説明
Page Up と Page Down	ページアップとページダウンキー：数行にわたってカーソルを上と下へ移動.
Delete	デリートキー：カーソル右の文字等を消す.
Back Space	バックスペースキー：カーソル左の文字等を消す.
Insert	インサートキー：上書きモードと挿入モードの切り替え.
Print Screen SysRq	プリントスクリーンキー：画面キャプチャをクリップボードにコピー. Alt + Print Screen SysRq 選択したウィンドウの画面キャプチャをクリップボードにコピー.
Esc	エスケープキー：キャンセルを行う.
Tab	タブキー：①カーソルの移動　②空白の挿入
⊞	ウィンドウズキー：①スタートメニューの表示　②補助キー
半角 全角	半角／全角（漢字）キー：半角文字モードと全角文字モードの切り替え.
⇧ Shift	シフトキー：シフトキーを押しながら「!1ぬ」キーを押すと「！」が入力される. シフトキーを押しながら「Aち」キーを押すと「A」と入力される（Caps Lock ランプが消灯されている場合）.
Ctrl	コントロールキー （例）Ctrl + C　選択されたファイルやフォルダー，テキストをコピーする.
Alt	オルトキー：ほかのキーと組み合わせて使う. （例）Alt + F4　終了処理を行う.
← Enter	エンターキー：①文章の段落を変える　②コマンドの実行
（スペースキー）	スペースキー：①空白入力　②漢字変換
Caps Lock	キャプスロックキー：アルファベットの小文字⇔大文字変換の切り替え. Caps Lock ランプが点灯の場合は大文字入力となる.
Pause Break	ポーズキー：パソコン起動時に実行中のプログラムを中断したり，処理を強制終了させるためのキー. Windows ではほとんど使われることはない. ショートカットコマンドの ⊞ + Pause Break は，パソコンの基本情報を表示することができる.
▤	アプリケーションキー：コンテキストメニュー（右クリックメニュー）を呼び出す.
ScrLk	スクロールロックキー：本来の用途のスクロールロック機能を使うのはまれ. Excel などではスクロールロックをオンにすると，アクティブセルをカーソルキーなどでスクロールを行っても，セルの選択が移動しない.

1章
2章
3章
4章
5章
6章
7章

変換	変換キー：日本語入力システムがオンのときに，文字変換を行う．もう一度押すと，ほかの候補リストを表示する（スペースキーも同じ）．
無変換	無変換キー：日本語入力システムがオンのときに，入力した文字を全角／半角のカタカナや数字に変換する．
カタカナ ひらがな ローマ字	ほとんど使わないが，[Alt]+[カタカナひらがなローマ字]で［ローマ字入力］と［かな入力］の切り替えを行う．
Num Lock	ナムロックキー：このキーを押すたびに，Num Lock ランプが点灯／消灯する．点灯時，テンキーは電卓のように使え，消灯の場合は編集キーとなる．

1-2-2　クイックアクセスメニューの使用

ショートカットコマンド[⊞]+[X]で（あるいはスタートボタンを右クリックすると）クイックアクセスメニューが図 1-5 のように表示され，例えば[E]キーを押せばエクスプローラを起動できる．

主なツールは：

- ☑ プログラムと機能（F）：ソフトのアンインストール等
- ☑ 電源オプション（O）：電源プランの選択と変更等
- ☑ システム（Y）：パソコン基本情報の表示
  （=[⊞]+[Pause]）
- ☑ デバイスマネージャー（M）：パソコンハードウェア構成一覧表示・設定等
- ☑ ネットワーク接続（W）：有線・無線・Bluetooth 接続の確認と設定等
- ☑ ディスクの管理（K）：ディスクのフォーマット，ドライブレターの変更等
- ☑ コンピューターの管理（G）：パソコンを管理するシステムツール群
- ☑ コマンドプロンプト（C）：DOS プロンプトの起動
- ☑ タスクマネージャー（T）：起動中プロセスのパフォーマンス等の確認
- ☑ コントロールパネル（P）：パソコンを管理するユーザーツール
- ☑ エクスプローラ（E）：パソコンファイルシステムを管理するツール
- ☑ 検索（S）：検索ツール
- ☑ ファイル名を指定して実行（R）：実行ファイル名を直接入力して実行
- ☑ シャットダウンまたはサインアウト（U）：パソコンのシャットダウン等
- ☑ デスクトップ（D）：すべてのウィンドウを最小化し，デスクトップ画面表示
  （ショートカットコマンド[⊞]+[D]でもデスクトップ表示ができる）

図 1-5

練習 クイックアクセスメニューを使って，コントロールパネルから，デスクトップの表示テーマを変更する．

操作❶ ⊞＋X P でコントロールパネルを表示させる．

操作❷ ［デスクトップのカスタマイズ］の［テーマの変更］を
クリックする．

操作❸ テーマ［Windows 10］をクリックする．

操作❹ デスクトップ画面を右クリックし，［次のデスクトップ
の背景(N)］を選択する（図1-6参照）．

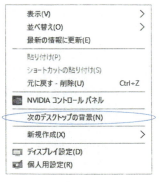

図 1-6

練習 ファイル名を指定して実行を使って，
ペイントを起動する．

操作❶ ⊞＋X R

操作❷ ペイントの実行ファイル名である
「mspaint」と入力し，OKボタンをクリッ
クする（図1-7参照）．

図 1-7

1-2-3 ウィンドウの操作

ウィンドウサイズの変更：マウスポインターをウィンドウの角や縁に置くとマウスポインターの形が変わり，このタイミングでD&Dを行うとウィンドウのサイズが変更できる．

ウィンドウの最大化：⊞＋↑

［最大化］ボタンを押すとウィンドウがフルスクリーン（画面いっぱい）に表示されるようになり，ボタンの形は［元に戻す］に変化する．

元のサイズへ：⊞＋↓

［元に戻す］ボタンを押すとウィンドウが元のサイズに戻され，［元に戻す］ボタンの形も［最大化］ボタンの形に戻る．

ウィンドウを閉じる：Alt＋F4

ウィンドウが閉じられる．［閉じる］ボタンを押しても同じ動作となる．

ウィンドウの最小化と復元：⊞＋D

［最小化］ボタンを押すと，ウィンドウがボタンとなり，タスクバーに入る．タスクバーのボタンをクリックするとウィンドウがまた元に戻る．

デスクトップの表示とデスクトップの整列：タスクバーを右クリックすると，図1-8のようにウィンドウを整列するための［重ねて表示］，［ウィンドウを上下に並べて表示］，［ウィンドウを左右に並べて表示］，［デスクトップを表示］のコマンドを選択できる．

ウィンドウの半面表示：フルスクリーン表示のウィンドウに対し，ショートカットコマンドの

　　　　　🪟＋← か 🪟＋→

のいずれかを使うと，ウィンドウのサイズは［フルスクリーン表示］→［半面表示］→［半面表示］→［元のサイズ表示］→［半面表示］というサイクルで変化する．コマンド実行後，残り半面に表示するウィンドウ一覧がサムネイル（縮小）画像として並べられる．

図1-8

ウィンドウの選択表示：[Alt]＋[Tab]コマンドで表示したいウィンドウを選択するか，タスクバーでアクティブにしたいウィンドウのアイコンをクリックする．

用語説明　カーソルとポインター

　カーソルとは，パソコンの操作画面で，現在の入力位置を指し示す小さな画像や図形のことであり，代表的な形は「I」である．ポインターとは，パソコン画面上で何か操作しようとする特定のポイントを指し示すマークという意味であり，代表的な形は矢印である．

練習課題

① キーボードを使ってスタートメニューからアプリを実行する．
② キーボードを使って開いているアプリを切り替える．
③ コントロールパネルでポインターの形を変えてみる．

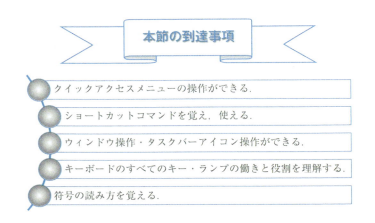

1-3　基礎知識と操作❸

本節では，ファイルシステムを理解し，エクスプローラを使いこなすことを目的とする．

ファイルシステムとは，ファイル（データの集まり）を効率的に管理・利用するためのシステムであり，OSがもつ基本的な機能である．

1-3-1　タスクバーアイコンの基本操作

タスクバーアイコンによるタスク状態の確認

起動中のアプリはアイコンに下線が引かれ，未起動かつピン留めアプリと区別できる（図1-9参照）．

図1-9

アプリのアイコン登録

よく使われるアプリをアイコンとして登録するためには，スタートメニューから登録するアプリを右クリックし，［スタート画面にピン留めする］か［タスクバーにピン留めする］をクリックする（図1-10参照）．

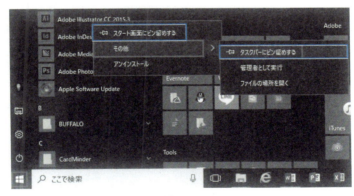

図1-10

ショートカットキーでのアプリ起動

タスクバーにピン留めしたアプリは，左から右へ，■+数字というショートカットコマンドが自動的に割り当てられるので，すばやく起動できる（図1-11参照）．

図 1-11

ジャンプリストの活用

ピン留めアイコンを右クリックすると［ジャンプリスト］が表示されることがある．よく使う項目をピン留めしておくと，次回起動するとき，［固定済み］リストからすばやく起動できる．

［最近使ったもの］，［よくアクセスするサイト］等の消去

ジャンプリスト内の当該項目を右クリックし，［この一覧から削除］を選択する．

アプリをタスクバーやスタート画面から外す

タスクバーのアイコンやスタートメニューのタイルアイコンを右クリックし，［タスクバーからピン留めを外す］や［スタート画面からピン留めを外す］を選択する．

1-3-2　エクスプローラ

ハードディスクや USB メモリ等の中にあるファイル・フォルダーの管理（保存・削除・移動・コピー・名前変更・圧縮・解凍等）は，パソコン操作において必要不可欠な作業である．

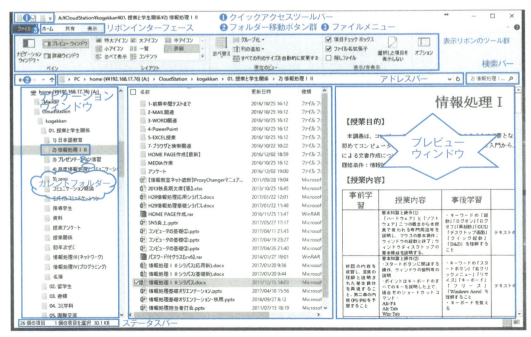

図 1-12　エクスプローラのインターフェース

エクスプローラを起動するには：
- スタートボタンをクリックし，エクスプローラアイコン📁を選択する．
- ショートカットコマンド：⊞ + E
- クイックアクセスメニューからエクスプローラを選択する．

表1-3 フォルダーとファイル名の構成

	ファイル	フォルダー
定　義	データの集まり	ファイルの集まり
名前構成	filename.拡張子	フォルダー名のみ
アイコンの形状	拡張子によって異なる	📁は基本形状
名前に使えない文字	¥エンマーク　/スラッシュ　：コロン *アスタリスク　?クエスチョンマーク "ダブルクォーテーション　<左アングルかっこ >右アングルかっこ　|パイプ	

各種操作

- **リボンの展開と最小化**：リボン右側にある^と⌄ボタンまたは Ctrl + F1 を使う．

- **リボンコマンドをショートカットキーで操作**：エクスプローラで Alt キーを押すと，リボンの横にアルファベットが出る（例：【ホーム】リボンの横に H が出る）．H キーを押すと，そのリボンのショートカットコマンドの横にさらにアルファベットが出る（図1-13参照）．このようにキーボードを使ってエクスプローラを操作できる．

図1-13

- **クイックアクセスツールバーの利用とカスタマイズ**：図1-14のようにツールバーのカスタマイズボタン⬇をクリックし，［名前の変更］等のよく使われる機能をツールバーに常時配置させることができる．

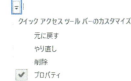

図1-14

- **フォルダー作成**： Ctrl + Shift + N

- **移動（同じドライブ内）**：フォルダーかファイルを移動先にD&Dする．

- **コピー**（同じドライブ内）：$\boxed{\text{Ctrl}}$を押しながらコピー先に D&D する．

- **移動**（異なるドライブ間）：移動先に$\boxed{\text{Shift}}$を押しながら，D&D する．

- **コピー**（異なるドライブ間）：コピー先に D&D する．

- **削除と復元**：削除したいフォルダーやファイルをゴミ箱のアイコンに D&D する．復元したい場合はゴミ箱を開き，［元に戻す］操作を行う．

- **フォルダーやファイルの選択**
  - ■ 1つのフォルダーやファイルの場合：選択対象をクリックする．
  - ■ 連続した複数のフォルダーやファイルの場合：1つ目のフォルダーやファイルをクリックし，次は$\boxed{\text{Shift}}$キーを押しながら連続する最後のフォルダーやファイルをクリックする．
  - ■ 離れている複数のフォルダーやファイルの場合：1つ目のフォルダーやファイルをクリックする．2つ目以降は，$\boxed{\text{Ctrl}}$を押しながらクリックする．

- **フォルダーやファイルの容量等の調査**
  フォルダーやファイルを右クリックして，［プロパティ(R)］を選択する．

- **表示パターンの変更**：［表示］リボンで行う．

- **フォルダーやファイルの名前変更**
  名前を変更したいフォルダーやファイルを選択し，$\boxed{\text{F2}}$キーを押す．

- **拡張子の表示・非表示**
  【表示】リボンの［ファイル名拡張子］のチェックボックスを使う．

- **ファイルの検索**：検索バーを使って，検索を行う．ワイルドカード文字の併用で検索効率を高めることができる．

用語説明

① **ドライブレター**：ハードディスクや USB メモリの記憶装置（ドライブ）を識別するために各機器に割り当てられる A～Z までの1文字と記号「:」で構成する文字列である。例えば C ドライブのことを［C:］と表記する。

② パス：外部記憶装置内でファイルやフォルダーの所在を示す文字列で，ファイルやフォルダーのコンピューター内での住所にあたる．ドライブレターで始まり￥を区切り文字とする．
（例）メモ帳の実行ファイルのパス：C:￥Windows￥System32￥notepad.exe
③ リボンインターフェース：従来のメニューバーとツールバーを用いたインターフェースを置き換えるものである．コマンドをタブでグループ化し，リボン上のタブにはアプリケーションの各作業領域で最も関連性の高いコマンドが表示される．タブ上でマウスホイールを回転させることでもタブの切り替えができる．

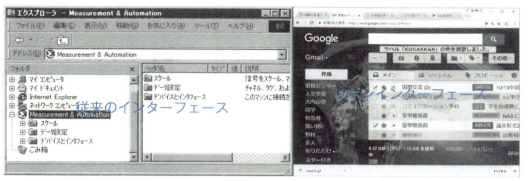

図 1-15

【練習課題】

① エクスプローラでグループを基準にファイルを並べ替える．
② アプリをスタートメニューとタスクバーにアイコン表示し，タスクバーにあるアプリをショートカットコマンドで起動してみる．
③ エクスプローラで［プレビューウィンドウ］を［詳細ウィンドウ］に切り替える．
④ エクスプローラで C:￥Windows￥System32￥notepad.exe を探し，タスクバーにピン留めする．

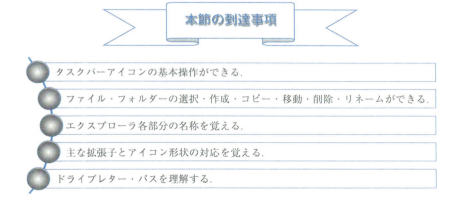

本節の到達事項

- タスクバーアイコンの基本操作ができる．
- ファイル・フォルダーの選択・作成・コピー・移動・削除・リネームができる．
- エクスプローラ各部分の名称を覚える．
- 主な拡張子とアイコン形状の対応を覚える．
- ドライブレター・パスを理解する．

1-4 基礎知識と操作❹

本節の達成目標は，パソコンでの文書作成の基本的な流れを把握することである．

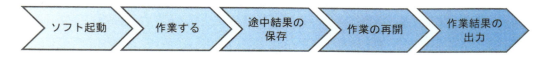

1-4-1 メモ帳の起動

検索ボックスに「memo」あるいは「メモ」と入力し，[最も一致する検索結果] から [メモ帳] をクリックする（図 1-16 参照）．

1-4-2 文字入力と各種操作

練習 従来の日本語変換ツール IME の表示設定
① コントロールパネルを表示する（⊞ + [X][P]）．
② [時計，言語，および地域] の [言語の追加] をクリックする．
③ 表示されたウィンドウ画面の左タスクから [詳細設定] をクリックする．
④ さらに表示されたウィンドウ画面にある [使用可能な場合にデスクトップ言語バーを使用する] 項目のチェックボックスを選択し，[保存] ボタンをクリックする（図 1-17 参照）．

図 1-16

図 1-17

1-4 基礎知識と操作❹　　17

通知領域のあアイコンは，日本語入力モードを示し，Aアイコンは半角英数入力モードを意味する（[半角/全角]キーで2モードの切り替え）．アイコンを右クリックすると，図1-18のコンテキストメニューが出てくる．主な機能は下記のとおりである．

図 1-18

IMEパッド(P)：[手書き]，[文字一覧]，[ソフトキーボード]，[総画数]，[部首]諸機能を使って文字の検索と入力を行うことができる．

単語の登録(O)：よく使う単語を登録しておくと，入力作業の効率が向上される．例えば，大学の住所を「だいがく」という"読み"で登録しておくと，「だいがく」だけで変換し住所入力ができる．

ユーザー辞書ツール(T)：このツールを使って単語の登録や，登録した単語の編集などができる．また，ユーザー辞書を新しく作成することもできる．

辞書の設定(S)（追加辞書サービス(Y)の中にある）：図1-19のように[郵便番号辞書]，[単漢字辞書]等を追加しておくと，入力効率をさらに高めることができる．

プロパティ：プロパティ画面の[詳細設定(A)]ボタンをクリックすると図1-20が表示される．[全般]，[変換]，[和英混在入力]，[辞書／学習]，[オートコレクト]，[予測入力]等のタブで文字入力における様々な設定を行うことができる．

図 1-19　　　　　　　　　　　　図 1-20

- [全般] → [入力設定] グループで，"句読点"，"記号" 等の設定を行う．
- [変換] → [変換] グループで，"文字変換" に関する細かい設定を行う．
- [和英混在入力] →自動で英数に変換する対象文字列の追加等を行う．
- [辞書／学習] →辞書の追加・ユーザー辞書の参照／修復．
- [オートコレクト] →よくあるスペルミスや機能の誤用をパターン化して記憶しておき，パターンに一致する入力があったときに自動修正を行う機能のことである．例えば，"数字は常に半角で，カタカナが常に全角に" という設定はここで行う．
- [予測入力] →ここでは，[クラウド候補を使用する] 等を設定しておくと便利である．例えば，[とあるかがくのちょ] と入力すると，途中で予測変換される．図 1-21 に示す候補の右側の雲マークはクラウド候補を意味する．
- [プライバシー] →入力履歴の消去や学習情報の消去等ができる．

図 1-21

1-4-3　作業途中の保存

　パソコンは，なんらかの原因で応答しなくなってしまい，作業内容が消えてしまうことがある．そのため，作業の途中でもこまめに保存を行う必要がある．ほとんどすべてのソフトでは下記のショートカットコマンドで保存を行うことができる．

$$\boxed{\text{Ctrl}}+\boxed{\text{S}}$$

　ここで，Google ドライブ[1])に保存する方法を説明する．
① ショートカットコマンド [Ctrl]＋[S] を実行．
② 図 1-22 のダイアログボックスにおいて，ナビゲーションペインから Google ドライブを選択．
③ [新しいフォルダー] ボタンをクリックし，「情報処理基礎」というフォルダーを作成し，さらにそのフォルダーをダブルクリックする．
④ ファイル名を「練習」と付け，保存ボタンをクリックする．
※日本語に中国語や韓国語等の 2 バイト文字[2])を混ぜた文章を保存する際，文字コードを [ANSI] コードから [Unicode] に変更し保存する．

---

1) Google ドライブはパソコン・携帯端末で使えるクラウドサービスである．事前にセットアップする必要がある．
2) 2 バイトのデータで表現できる文字．ひらがなや全角カタカナ，漢字，全角記号などがある．

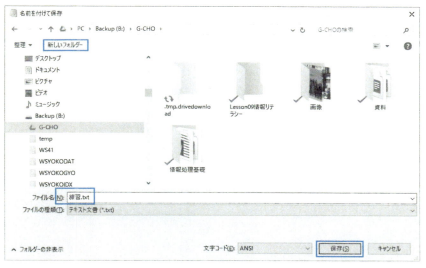

図 1-22

練習　Google ドライブの利用

① Google ドライブにログイン（https://drive.google.com/）．
② 作成したフォルダーと保存したファイルを確認．

練習　OneDrive[3)]の利用

① Windows と相性のよい OneDrive にログイン（https://onedrive.live.com/）．
② ファイルを OneDrive に保存してみる．

1-4-4　中断した作業の再開

　保存した作業途中のファイルのアイコンをダブルクリックで開き，作業を続ける．Windows 上では，ファイルの拡張子に応じて既定のソフトとリンクされているので，ダブルクリック（実行）すると，既定のソフトがそのファイルを自動的に開いてくれる．

ほかのアプリで開く

　既定のソフト以外のプログラムでそのファイルを開く場合（図 1-23 参照）は，ファイルアイコンを右クリックして，［プログラムから開く(H)］に進み，一覧にあるほかのプログラムを選択する．一覧にない場合，［ストアの検索(S)］で探すか，［別のプログラムの選択(C)］をクリックし，ほかのアプリを選択する．

---

　3)　OneDrive は，Microsoft 社が提供している無料のオンラインストレージサービスである．

図 1-23

この場合は，もし以降も既定プログラムを変更したい場合は図 1-24 のように［常にこのアプリを使って…ファイルを開く］のチェックボックスにチェックを入れる．逆に，一時的な作業の場合はこのチェックを外すことを忘れたら，以降このタイプのファイルはずっとこのアプリで開くことになってしまう．

練習　既定プログラムの変更

① 検索バーに「既定」と入力し，［既定のプログラム］というデスクトップアプリを起動（出ない場合はコントロールパネルから選択）．

図 1-24

② ［アプリによって規定値を設定する］リンクをクリック．
③ アプリ一覧が表示される．図 1-25 では，［Windows フォトビューアー］というアプリをすべての画像ファイルを開く既定アプリに設定した．

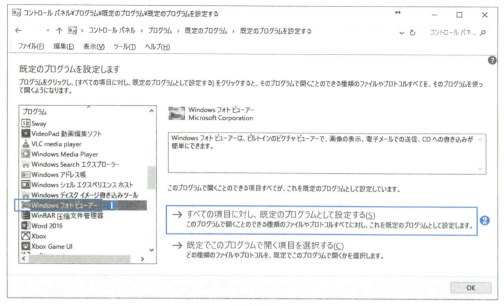

図 1-25

(練習課題)

① 数個の単語登録を行い，ユーザー辞書を Google ドライブに保存する．
② Google ドライブを自分のパソコン，スマートフォン，iPad にインストールし，授業で保存したファイルを確認する．
③ OneDrive を自分のパソコン，スマートフォン，iPad にインストールし，授業で保存したファイルを確認する．

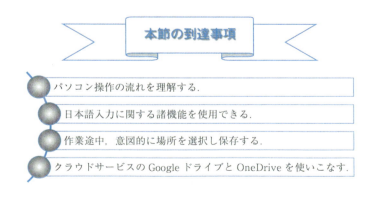

1-5　基礎知識と操作❺

本節では，Windowsをもっと使いこなすために，ショートカットの理解，標準アプリの利用，その他の便利な機能について説明する．

1-5-1　ショートカットの利用

ショートカットは，Windowsファイルシステム機能のひとつである．

ファイルやフォルダーのアイコンに🡥（図1-26参照）が付いている場合，このファイル，またはフォルダーをショートカットと呼ぶ．

ショートカットは別の場所にあるファイルやフォルダーを指し示す特殊なファイルであり，拡張子はlnkである．ショートカットの内部構成は，本体が存在するストレージ装置内の位置（パス，アドレス）が記載され，あたかも本体がそこにあるかのように扱うことができる．

図1-26

ディスク内の深い階層にあるよく使うファイルのショートカットをデスクトップなどに設置すれば，必要なときにすばやく開くことができる．実行可能ファイルへのショートカットを作っておけば，ダブルクリックするだけで本体が起動される．ショートカットの中身はパスなので，ショートカットファイルを削除しても，リンク先のものは削除されない．

ショートカットの作成

ファイルとフォルダーの場合：ファイルとフォルダーアイコンを右クリックし，コンテキストメニューから［ショートカットの作成(S)］を選ぶ．

アプリの場合：アプリのショートカットは，すでに作成されているので，ショートカットの保存場所からデスクトップ等へコピーして使うことができる．

スタートメニューからアプリを探し，アイコンを右クリックし，コンテキストメニューから［ファイルの場所を開く］を選ぶと（図1-27参照），ショートカットファイルの置く場所がエクスプローラで表示されるので，そのショートカットファイルを適宜コピーして使う．

1-5-2　Windows標準アプリの活用

15種類の代表的な標準アプリを表1-4のように紹介する[1]．

---

1) Windowsのエディションによって標準アプリが異なる場合がある．

1-5 基礎知識と操作❺   23

図 1-27

表 1-4

アプリ	概　　要
3D Builder	3D のデータを作成するための「モデリング」と呼ばれるツール．3D Builder で作成したデータは，3D プリンターで印刷できる．
OneNote	メモや Web のクリップを保存するためのノートアプリ．OneNote で作成したノートは OneDrive に保存される．
People	連絡先のメールアドレスなどを管理するアプリ．Outlook.com の People と同期しているため，オンラインで連絡先を管理できる．
アラーム	アラーム，世界時計，タイマー，ストップウォッチの 4 つの機能をもつ時計アプリ．
カメラ	パソコンやタブレットに搭載されているカメラを使って，写真やビデオを撮影するためのアプリ．
カレンダー	Outlook.com や Office 365 などの Web サービスと連携してカレンダーを表示したり，予定を管理したりするアプリ．
ストア	Windows アプリのインストールや音楽，映画などを購入できるアプリ．
スポーツ	プロ野球やサッカー，モータースポーツなどスポーツに関するニュースを表示するアプリ．
ニュース	Bing が提供している最新のニュースを表示できるアプリ．国内の新聞各社や Web メディアの記事，海外のニュースの表示や検索ができる．
ボイスレコーダ	パソコンやタブレットのマイクを使って，周囲の音を録音するためのアプリ．録音した音をクリッピングするなどで簡単に編集できる．
マップ	地図を表示するアプリ．位置情報で自分がいる現在地周辺の地図を表示できるほか，ルート案内の機能も利用できる．

	マネー	経済ニュースや市場の動向を確認できるアプリ．日経平均や各銘柄の株価，海外商品相場などの情報を確認できる．
	天気	天気に関する様々な情報を閲覧できるアプリ．現在地や全世界の現在の天気や天気予報，気温，降水確率などを調べられる．
	Edge	ブラウザ・エッジは，デスクトップ版 IE よりも動作が軽快で，快適にネットサーフィンができる．
	電卓	電卓のアプリ．関数電卓や日付の計算などの機能もあり，計算が簡単にできる．

1-5-3　検索ボックスと Cortana[2] で瞬時検索（参考）

検索ボックスにキーワードやフレーズを入力

① アプリ検索を行う．
② ドキュメント検索を行い，パソコン中のファイルを見つけてくれる．
③ Web 検索を行うことができる．
④ ［フィルター］ボタンをクリックすると，さらに［フォルダー］を指定して検索や，音楽・写真・設定・動画等で検索を行うこともできる．

音声アシスタント Cortana を使う

　パソコンに接続したマイクに音声で話しかけることで，Web 検索・天気予報・株価・スケジューリング・好きな曲の再生等，多岐にわたる便利な機能がある．

　例えば，検索ボックスのマイクアイコンをクリックし，「明日 13 時に歯医者を予約してください」とマイクで話すと，図 1-28 のようにスケジュールを追加できる．

　なお，検索ボックスをクリックし，歯車アイコンをさらにクリックして，［コルタナさん］をオンにすれば，Cortana の起動も「コルタナさん」と呼びかけるだけでできる．

　Cortana のノートブック設定（検索ボックスをクリックし，ノートブックのアイコンをクリック）をこまめにしておくと，さらに便利である．例えば，リマインダー設定において，［連絡先］，［場所］，［時刻］から行うことができる．

　Cortana を利用するには，マイクを正常にセットアップしておく必要がある．なお，Bluetooth マイクの場合，Cortana の音声起動はできない．

図 1-28

2）　Windows のエディションによって Cortana 機能が利用できない場合がある．

1-5-4 仮想デスクトップの利用（参考）

複数の作業を同時に行い，目的の異なるアプリを複数開いている場合は，ウィンドウ画面の切替作業は頻繁になる．仮想デスクトップ機能とは，擬似的に複数のデスクトップを同時に使うものである．

仮想デスクトップの作成と削除

タスクビューボタン▭をクリックし，＋ボタンをクリックする．仮想デスクトップを閉じる際，タスクビューボタン▭をクリックし，閉じるデスクトップの×ボタンをクリックする．

アプリをほかのデスクトップへ移動

タスクビューボタン▭をクリックし，移動したいウィンドウを右クリックし，表示されたメニューで［移動］を選び，移動先のデスクトップをクリックする（図 1-29 参照）．

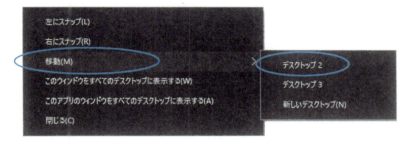

図 1-29

特定のアプリを常に全デスクトップで表示

図 1-29 のメニューから［このアプリのウィンドウをすべてのデスクトップに表示する(A)］を選ぶと，このアプリをすべてのデスクトップに表示する．なお，このアプリを閉じる際，すべてのデスクトップから閉じられる．次回，このアプリを起動すると，すべてのデスクトップに表示するようになる．

（練習課題）
① 検索機能を使って，アプリ［ペイント］を起動する．
② 標準アプリ［カレンダー］を使って履修登録した授業を登録する．
③ Word とネットワークドライブフォルダーのショートカットを作る．
④ 仮想デスクトップを 2 つ作り，それぞれにアプリを起動してみる．

本節の到達事項

- アプリ・ファイルの検索ができる.
- アプリ等のショートカット作成ができる.
- 仮想デスクトップの使用ができる.
- 標準アプリの利用ができる.
- ショートカットコマンドの活用.

電子メール

2-1 電子メール❶

2-1-1 電子メールの種類

電子メール(E-mail)とは，ネットワークを通じてやりとりする電子的に作成したメッセージのことである．通常の手紙と同様にテキスト（文字）情報が中心であるが，画像データなどのいわゆるマルチメディアデータも添付して送ることができる．

電子メールシステムには2種類がある．メールソフト（メーラ）でメールの編集や送受信を行うPOP（Post Office Protocol）/IMAP（Internet Message Access Protocol）メールと，Internet Explorerなどのブラウザでメールのやりとりを行うWebメールである．

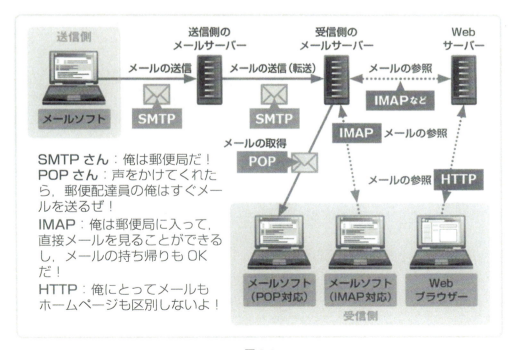

図2-1

POP/IMAP メールシステムと Web メールシステムはユーザーとメールサーバー間の通信方法が大きく異なる．前者は送信用「SMTP」と受信用「POP3 や APOP，IMAP」という通信方式を使うが，Web メールでは，「HTTP」や「HTTPS」などの Web 通信（ホームページ閲覧など）で使われる通信方式を使用する．

2 つの方式の差異を表 2-1 のように比較する．

表 2-1

方式	メリット	デメリット
Web メール	ブラウザの使える環境であれば，どこでも手軽に使える．特定の PC に縛られない．	メール管理を自分でせず，運営サイトに任さざるをえない不安はある．個人情報が漏洩する可能性もある．
メールソフト	メールソフトで送受信を行うため，メール管理がローカルでできる．	受信データやアドレス帳が特定の PC にあるため，複数箇所で使う場合は工夫がいる．なお，メールの環境設定を PC ごとに行う必要がある．

電子メールを送るために相手のメールアドレスを知る必要がある．電子メールアドレスは表 2-2 のようなものである．

表 2-2

cho@stu.xxx-u.ac.jp					
user_name@domain_name					
組織種類	日本	アメリカ	国名	略号	
企業法人	co	com	日本	jp	
プロバイダ	ne	net	韓国	kr	
団体	or	org	中国	cn	
大学等	ac	edu	フランス	fr	
政府機関	go	gov	ドイツ	de	

メールを送信する際，相手のメールアドレスを［TO］，［CC］，［BCC］欄のいずれかに入れることになる．受信者側から見ると，図 2-2 のようにメールの送信先の見え方が異なる．

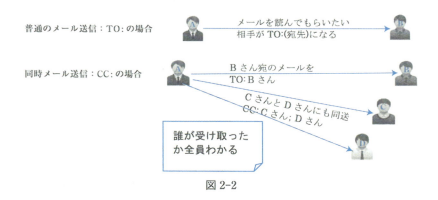

図 2-2

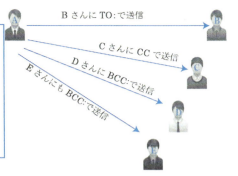

同時メール送信：BCC:の場合
- ☑ Bさん宛のメールがC, D, Eさんにも届く．
- ☑ BさんはCさんが同じメールを受け取ったことはわかるが，DさんとEさんが受け取ったことはわからない．
- ☑ DさんとEさんは，BさんとCさんが受け取ったことはわかるが，DさんとEさんはお互いに受け取ったことはわからない．

図 2-3

このように［TO］欄はメールの正規受信者のメールアドレスを指定する欄であり，複数の受信者を指定でき，受信者たちはこのメールを誰から送られ，ほかの誰に送っているかを画面で確認できる．この欄が空欄のままではメールを送ることができない．CC（Carbon Copy）は，メールの写しを送りたい相手のメールアドレスを指定する欄であり，この欄に複数の受信者を指定できる．すべての受信者はこのメールを誰から送られ，ほかの誰に送っているかを画面で確認できる．BCC（Blind Carbon Copy）は，メールの写しをほかの受信者に内緒で送りたい相手のメールアドレスを指定する欄であり，この欄に複数の受信者を指定できる．［TO］と［CC］欄の受信者たちはこの欄の受信者に送っていることはわからない．

2-1-2　Web メールの使用

多くの大学では，各学生に大学からメールアドレスが提供されており，配布されたユーザー ID とパスワードで使えるようになっている．また，Web メールとしてブラウザから利用できることも多く，その場合は，そのためのアドレスが大学から案内されている．

例えば，Google 社が提供している G-mail では，Web メールのログイン画面にユーザー ID とパスワードを入力してログインすると，G-mail のインターフェースが表示される（図 2-4 参照，G-mail のフル機能を利用するために，ブラウザの Chrome を使う）．このインターフェースで利用できる主な機能は以下のとおりである．

連絡先の作成

図 2-4 の［メール・連絡先・ToDo リストの選択］の［メール］ボタンをクリックして，［連絡先］を選択した後，［新しい連絡先］というボタンをクリックし，名前やメールアドレス等の情報を記入し，最後に［追加］ボタンで完了する．

メールを送る

図 2-4 の［メール用メニュー］の［作成］ボタンをクリックすると，［新規メッセージ］作業ウィンドウが表示されるので，図 2-5 のようにメールを書き，最後に［送信］ボタンをクリックする．

2章　電子メール

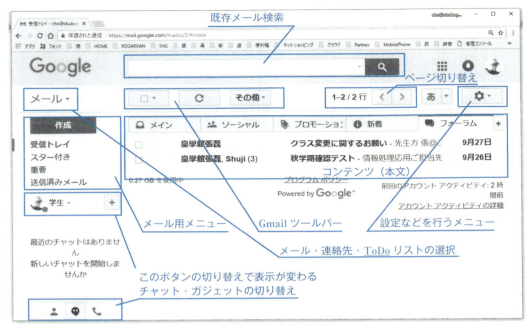

図 2-4

G-mail の環境設定

［設定］メニューの ⚙ アイコンをクリックし，［設定］を選択すると，設定画面に切り替わる．主な設定は下記のとおりである．

全般：言語の選択，"スター:" 機能選択，"署名:" の設定等

ラベル：ラベルの表示・非表示設定や新しいラベルの追加

受信トレイ：先頭に表示するメール（未読・重要）の種類の選択等

アカウント：ほかのメールアカウントの管理

フィルター：メールの整理分類や迷惑メールの削除

メール転送と POP/IMAP：Gmail サーバーからパソコンにメールをダウンロードできるように設定できる．

チャット：Gmail のチャット機能における設定

Labs：Google の様々なサービスの ON/OFF 設定

オフライン：オフラインで Gmail を使用すると，インターネットに接続していなくてもすでに受信したメールへのアクセスができる．オフライン時に作成したメールは再びインターネットに接続すると送信されるし，削除，アーカイブ，変更したメールやスレッドは，次回オンラインになったときに同期される．

テーマ：G-mail インターフェースイメージの選択等

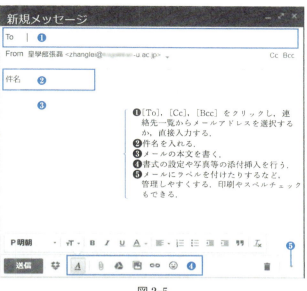

図 2-5

受信したメールの操作

　メール表示画面では図 2-6 のようにメールを操作するツールボタンが表示される．G-mail はサブフォルダーによるメールの振り分けではなく，［アーカイブ］，［ラベル］，［スター］，［自動振り分け］等を使ってメールの管理と分類を行う．

図 2-6

　アーカイブ：図 2-6 ❷番のアイコンをクリックすると，メールはアーカイブされ，受信トレイから非表示となり，［すべてのメール］という場所に移動される．メールを削除しなくても受信トレイの整理ができる．
　アーカイブしたメールは，左側にある［すべてのメール］ラベルをクリックすると見つけることができる．ほかの方法としては，そのメールに付けたラベルをクリックする方法や，メー

ルを検索する方法もある．

ラベル：図2-6 ❻番のアイコンをクリックし，ラベル選択するか，新しいラベルを作って，メールラベルを付けることができる．ラベル一覧は画面の左側に表示され（図2-7），ラベルをクリックすると，そのラベルの付いているメールが受信トレイに表示される．ラベルの色を変えることができる．

図2-8

図2-7

スター：メール一覧のメールタイトルの左に3つのアイコンがある（図2-8）．❶番はメールを選択するチェックボックスであり，複数選択もできる．❷番アイコンはスターで，クリックするとスターが変わる．❸番アイコンは重要スレッドを示すものであり，システムが自動判断で付ける場合とクリックして付ける方法がある．

メールの自動振り分け：受信したメールに対して振り分けを行うことによって，受信トレイを整理する手間を省くだけでなく，迷惑メールも目に触れることがなくなる．図2-6 ❼番［その他］アイコンをクリックし，［メールの自動振り分け設定］を選択する．振り分けフィルターの作成は図2-9を参照する．

作成したラベルは画面の左側に表示され，ラベル後部の正方形のアイコンをクリックして，色を変更するなどの管理を行うことができる．以降，設定条件に合うメールを受信したら，ラベルは自動的にメールタイトルの前に付ける．

別名アドレス（エイリアスアドレス）：例えば，xxx@gmail.com のアドレス所有者は，アカウント ID の末尾に任意の文字列を付加したアドレス（xxx＋任意文字列 @gmail.com）も受信用アドレスとして使用できる．友人専用のアドレスや仕事専用のアドレスを下記のように作って，それぞれ自動振り分け機能でフィルタリング設定しておくと，これらのアドレスに配信されたメールは自動的にそれぞれのラベルが付けられる．

別名アドレス例：

xxx＋friends@gmail.com

xxx＋jobs@gmail.com

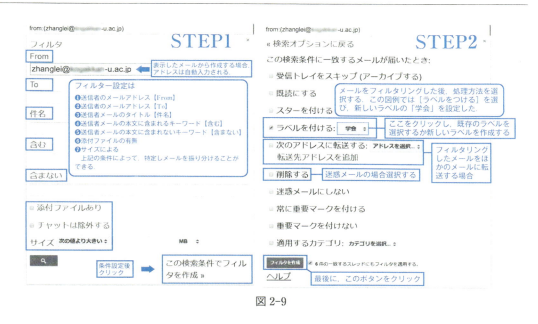

図 2-9

練習　メール転送設定と POP/IMAP の設定

① 設定アイコン ✿ をクリックし，[設定] を選ぶ．

② [メール転送設定と POP/IMAP] タブをクリックする．

③ 転送設定は，転送先メールアドレスを入力し，転送後の処理方法を選択する．

④ POP/IMAP 設定は，[すべてのメールで POP を有効にする] ラジオボタンを選択し，[POP でメールにアクセスする場合] の処理方法を選び，[IMAP を有効にする] ラジオボタンを選択し，最後に [変更を保存] ボタンをクリックする．

練習課題

① G-mail を自分の携帯電話アドレスに転送するように設定する．

② メールの自動振り分けルールを 2 つ以上作成する．

③ 自分の大学メールと携帯メールを使い，[TO]，[CC]，[BCC] の使い分けを練習する．

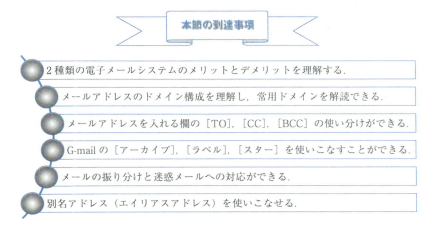

本節の到達事項

- 2 種類の電子メールシステムのメリットとデメリットを理解する．
- メールアドレスのドメイン構成を理解し，常用ドメインを解読できる．
- メールアドレスを入れる欄の [TO]，[CC]，[BCC] の使い分けができる．
- G-mail の [アーカイブ]，[ラベル]，[スター] を使いこなすことができる．
- メールの振り分けと迷惑メールへの対応ができる．
- 別名アドレス（エイリアスアドレス）を使いこなせる．

2-2　電子メール❷

本節は，電子メールについての参考資料として活用することを期待する．
　Webメールは，特に設定する必要がなく，インターネットの使える環境であれば，特定のコンピューターに縛られることなく，ユーザーIDとパスワードを用いてただちに利用できる．しかし，メールとアドレス帳等はローカルのパソコンに保存されず，遠隔のサーバー上にあるため，プライベートのメール利用以外の場合は，メールソフトを使うことがメインである．このとき，メールの環境設定を行う必要がある．ここでは，メールのあらゆる利用形態に対応されているG-mailについて説明する．

2-2-1　Gmailをメーラで使う

　Gmailのメールをほかのメールクライアント（メーラ）で読む場合，IMAPとPOPを利用できる．IMAPは複数のパソコンで使用でき，メールはリアルタイムで同期されるが，POPは基本的に1台のパソコンで使い（複数のパソコンで使用することも可能），メールがリアルタイムで同期されることはなく，メールをダウンロードして読む．ここでは，MicrosoftのOutlookというメーラを説明する．

Outlookのセットアップ

STEP1　ブラウザでGmailを開き，右上の設定アイコンをクリックし，メニューから［設定］をクリックする．［メール転送とPOP/IMAP］タブをクリックし，［POPダウンロード］で，［すべてのメールでPOPを有効にする］または［今後受信するメールでPOPを有効にする］を選択し，ページ下部の［変更を保存］をクリックする．

STEP2　スタートメニューから図2-10のようにOutlookを起動する．図2-11のように設定を行う．

図 2-10

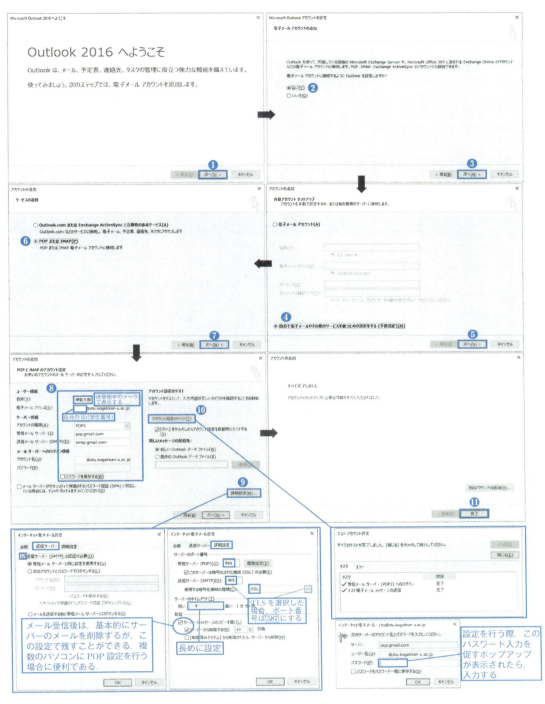

図 2-11

セットアップは以上で完了する.

2-2-2 Outlook の使い方

図 2-12 は，メーラのインターフェースである．

❶ 複数のメールアカウントを管理することができる．
❷ メール一覧表示．
❸ 選択したメールの詳細内容は右の詳細ペインで確認する．
❹ カレンダー・アドレス帳等を起動する．
❺ ファイルメニューとリボンインターフェース．
❻ メール詳細表示画面で添付ファイルの確認等ができる．

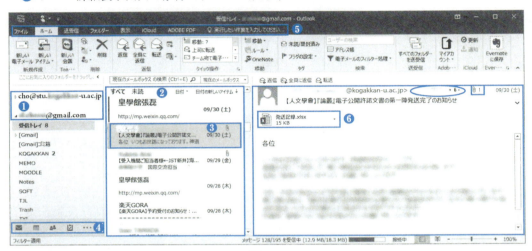

図 2-12

☑ 新規メール作成

［ホーム］タブの［新しい電子メール］ボタンをクリックすると，図 2-13 のようなメール作成画面が表示される．

図 2-13

［宛先］ボタンをクリックし，アドレス帳から送信先を選択するか，直接メールアドレスを入力する．同時送信者にはCCかBCCで送る．件名欄にメールの主旨を表すタイトルを入力し，メールの本文を書く．コマンドボタンを使って，ファイルの添付・表の挿入・画像挿入等を行うことができる．最後に，送信ボタンをクリックしてメールを送る．

☑ メール受信

［ホーム］タブの［すべてのフォルダーを送受信］ボタンをクリックすると，図2-14のような進捗度を確認できるポップアップ画面が表示される．

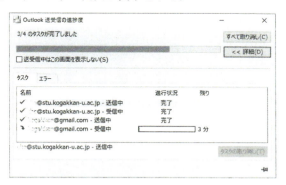

図 2-14

☑ カレンダー管理

▦ボタンをクリックすると，図2-15のような高度な機能をもつカレンダーが表示される．

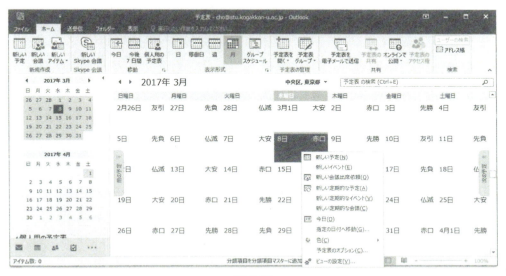

図 2-15

予定の追加は，日付を右クリックし予定・イベント・会議を追加する．定期的な予定追加もできる．なお，Gmailで作成したカレンダーもここで表示させることができる．

図 2-16

☑ アドレス帳作成

　アイコンをクリックすると図 2-16 のような連絡先を管理する画面が表示される．

☑ メールの振り分け受信

　送信者ごとにメールを振り分けると，メールの管理がしやすくなる．下記のような手順で設定できる．

STEP1　受信者用フォルダーを作成する．［受信トレイ］を右クリックし，［フォルダーの作成(N)］を選ぶ．例えば，［先生から］，［友人から］等のフォルダーを作成しておく．

STEP2　すでに受信したメールに対して，振り分け設定を行うことができる（図 2-18 参照）．

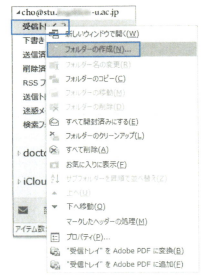

図 2-17

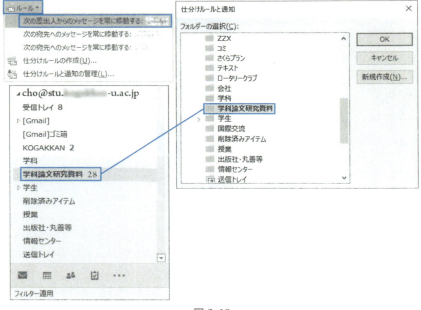

図 2-18

☑ 迷惑メールの処理

図2-19のように［迷惑メール］メニューから［受信拒否リスト(B)］に追加する．なお，高度な処理方法は，［迷惑メールのオプション(O)］を選択し，表示される図2-20のダイアログボックスで詳細設定を行うことができる．

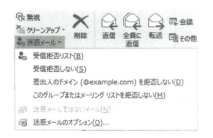

図 2-19

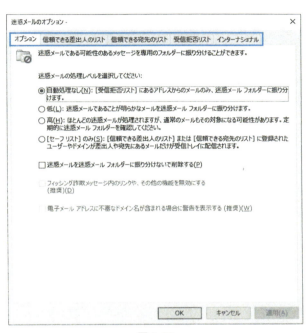

図 2-20

☑ 迷惑メールの処理

たくさんのメールから特定のメールを探す際，図2-21に示す［電子メールのフィルター処理］機能が便利である．［その他のフィルター(M)］を使って，メールの詳細検索を行うことができる．

2-2-3 IMAPとPOPの比較

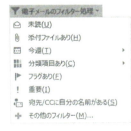

図 2-21

IMAPとPOPは，共にメールサーバーからメールを受信するプロトコルである．

✉ IMAPは，メールサーバー上にあるメールボックスをパソコンから参照できる．
✉ POPは，メールサーバーからメールをパソコンにダウンロードする方法である．
✉ IMAPの利点は，メールサーバーにアクセスしてメールボックスを参照するため，複数のパソコンからサーバーにアクセスしても常に同じ環境でメールを見ることができること

である．自宅，勤務先等何台ものパソコンを使い分ける方に便利である．
- ✉ IMAPの欠点は，ネットワーク障害等が発生した場合，メールを読むことができないことである．
- ✉ POPの利点は，メールサーバーからメールをダウンロードするため，ネットワークに接続する時間が短縮できることである．
- ✉ POPの欠点は，パソコンの故障に備え，常にメールのバックアップを取る必要があることである．

(練習課題)
大学のメールアカウントのセットアップを練習する．

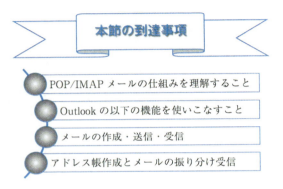

本節の到達事項
- POP/IMAPメールの仕組みを理解すること
- Outlookの以下の機能を使いこなすこと
- メールの作成・送信・受信
- アドレス帳作成とメールの振り分け受信

3 章

情報モラル

3-1 知的財産権とセキュリティ

様々な情報が氾濫し，多くの人びとがそれらを創作し，かつ誰かが創作したものを活用している中で，創作物に関する知的財産権はその重要性を増している．また，電子メールやSNSなどの情報技術は便利であるだけでなく，トラブルの原因になったり，犯罪に巻き込まれて被害者・加害者となったりすることもある．そこで，本節では電子メールやSNSの利用時に認識すべきセキュリティ意識などについて解説する．

3-1-1 知的財産権

知的財産権とは，人の知的な創作活動によって生み出されたものを財産として保護するために，創作者に与えられた権利のことである[1]．知的財産権に含まれる権利は様々であるものの，大きく分けて図3-1のように分類できる．

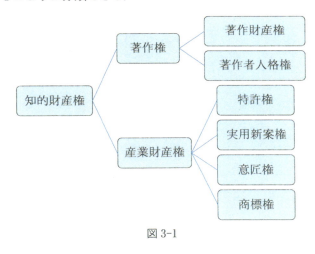

図 3-1

---

1) 特許庁ホームページ「知的財産権について」https://www.jpo.go.jp/seido/s_gaiyou/chizai02.htm 参照．

3-1-2　著作権

　知的財産権のうち著作権とは，絵画，小説だけでなく，コンピューターのプログラムなども含めた文化的創造物を保護するために，それを創作した著作者に与えられた権利である[2]．インターネット上には様々な情報が掲載されているが，表3-1のように，日常的によく利用する情報も著作権の保護対象になっている．例えば，Webサイト上に載っている文章を，レポートなどにコピー＆ペーストすることは，試験等の提出物に関する不正行為であるだけでなく，著作権を侵害する行為でもある．保護されるべき著作権の侵害によって，莫大な金額の損害賠償を請求されることもあり，刑事罰（懲役または罰金）を受けることもありうる．安易な考えで著作権を侵害してしまわないようにする必要がある．

表 3-1

分　　　野	保護対象 （ただし，例外もある）	保護対象外
プログラム関連	・プログラム本体	・プログラムのための解法 ・アルゴリズム ・プログラム作成用の言語 ・規約
データ関連	・データベース	・データそのもの
マルチメディア関連	・Webページ 　（文章，デザイン） ・画像 ・動画 ・音声	

　著作権は原則として保護されるべきものであり，著作者以外が自由に再利用したり，複製したりすることはできないが，一定の範囲で，再利用や複製が認められているものもある．「パブリックドメイン」と呼ばれる著作物は，著作権がすでに放棄されているか，著作者の死後，一定期間が経過して著作権が消滅しているものである．パブリックドメインとなっている画像データやソフトウェアは，自由に複製したり，改変したりすることが可能であり，加工したものを再販売することもできる．

　なお，法律に明文化されていないが，事実上認められている権利として「**プライバシー権**」，「**肖像権**」，「**パブリシティ権**」などがある．

　プライバシー権は個人の私的生活を秘匿し，人としての尊厳を守る権利である．個人会話の盗聴・行動の監視・私的生活暴露等はプライバシー侵害に当たる．

　肖像権は，写真・VTR撮影動画・絵などに描かれた個人の肖像を守る権利のことである．肖像権は著名人に限らず，誰にでも認められる権利である．本人の許諾なしに撮影した写真や

---

2)　公益社団法人著作権情報センターホームページ「著作権って何？」http://www.cric.or.jp/qa/hajime/index.html 参照.

動画などを第三者に見せることは，肖像権の侵害になる．

　パブリシティ権は，名前や肖像に対する利益性を保護するためのものである．著名人と名前や肖像を許諾なしに利用することは，パブリシティ権侵害になる．

3-1-3　セキュリティ

　近年，コンピューター犯罪の増加に伴い，セキュリティ関連法規が整備されてきている．Gmail だけでなく，様々なサービスを利用する際に必要となるユーザー ID やパスワード，電話番号，口座番号などの情報は，たとえ信頼できる友人相手であっても，不用意に漏らしたり，メールや SNS のメッセージに書いたりしないようにしなければならない．下記のような犯罪行為を行う犯罪者は，そうした隙を狙って不正アクセスを試みているためである．

不正アクセスの行為の禁止等に関する法律（不正アクセス禁止法）
- **不正アクセス行為**

  他人のユーザー ID・パスワードを無断で利用し，正規ユーザーになりすまし利用制限を解除し，コンピューターを利用できるようにするなどの行為（三年以下の懲役または 100 万円以下の罰金）．

- **他人の識別符号を不正に取得・保管する行為**

  不正アクセスするために，他人のユーザー ID・パスワードを取得・保管するなどの行為（一年以下の懲役または 50 万円以下の罰金）．

- **識別符号の入力を不正に要求する行為**

  フィッシング詐欺[3]のように，不正に他人のユーザー ID・パスワードを入力させるような行為（一年以下の懲役または 50 万円以下の罰金）．

- **不正アクセス行為を助長する行為**

  他人のユーザー ID・パスワードをその正規ユーザーや管理者以外の者に提供し，不正なアクセスを助長する行為（30 万円以下の罰金）．

インターネット利用におけるセキュリティ関連のトラブル
- 架空請求やワンクリック詐欺
- 通販やネットオークションにおけるトラブル
- 個人情報の流出

3）インターネットのユーザーから経済的価値がある情報（例：パスワード，クレジットカード情報）を奪うために行われる詐欺行為であり，典型的には信頼されている主体になりすました E-mail によって，偽の Web サーバに誘導することによって行われる．

44   3章　情報モラル

☠ フィッシング詐欺

メール利用における安全対策

電子メールの危険性には以下のようなものがある.

表 3-2

盗聴	メールの中身をほかの誰かにのぞき見られること
改ざん	メールの内容が途中で書き換えられること
なりすまし	誰かが別の人物になりすましてメールを送ること
否認	メール送信者がメールを出したことを否認すること

　対応方法としてはメールの暗号化という手法がある. 暗号化とは, 特定の決まりに従って, 文章やファイルのデータの並び替えを行うことを指す. この特定の決まりとして, 数学的な処理（暗号アルゴリズム）や「鍵」と呼ばれる特別なパスワードを用いる. また, 元のメッセージ（平文）を並び替え, 別のメッセージ（暗号文）に変換することを暗号化といい, 逆に暗号化を元の平文に戻すことを復号という. 電子メールの暗号化によって, 以下の3つのセキュリティを確保できる.

✉ メッセージの秘匿性：メッセージを暗号化することによって盗聴を防御する.

✉ デジタル署名による送信者の保証：電子メールの送信者がメッセージにデジタル署名を加えることで送信者を保証する.

✉ メッセージの完全性：メッセージにデジタル署名を加えることで, メッセージに改ざんがないことを保証する.

3-1-4　SNS の危険性を知る

　LINE や Facebook, Twitter などの SNS の普及によって, 私たちは SNS の利用に関するトラブルや問題を回避しつつ, 上手に活用していく技術・知識を身に付ける必要がある. 特に, SNS 上への情報の発信に伴う責任や危険性を認識することは必要不可欠である. ここで SNS 利用時の注意事項をまとめてみる.

全世界への発信

　SNS 上に投稿したものは, 全世界に発信されることになり, あっという間に拡散されてしまう. 友人しか閲覧できない設定にもできるが, SNS 上で繋がりのある友人が数十人, 数百人もいるという状況であれば, 悪意ある見かけ上の「友人」が全世界にその情報を発信してしまうかもしれない.

偽アカウント, 架空アカウント

　SNS には本人確認が徹底していないサービスもあるので, アカウントの相手が本物である

かどうかは，慎重に確認する必要がある．

位置情報

　発信した情報に位置情報が付与されてしまっていることがある．なお，投稿した写真の内容から居住地の情報などが流出する場合もある．

短縮 URL の悪用

　SNS の文字数制約によって，URL を短縮して表示するサービスがある．短縮された URL は，一見するとどのようなサイトへのリンクかが特定できないため，フィッシング詐欺やワンクリック詐欺などのホームページに誘導されてしまうこともある．

スパムアプリケーション

　アプリインストールの際，連絡先情報へアクセスする許可を求めてくるものがある．個人の連絡先情報を収集する目的としているものもあるので，作成者の身元やその利用目的がよくわからないものは，使用を極力避けたほうがよい．

プライバシー情報の書き込み注意

　プライバシー設定が不十分で，友人に引用されることなどにより，書き込んだ情報が思わぬ形で拡散する危険性がある．インターネット上に情報が公開されていることに変わりはないので，書き込む内容には十分注意をしながら利用する必要がある．

3-1-5　電子メール利用に関するエチケット

　メールとファイルの所有権，および適切な投稿と送信方法等を知っておく必要がある．以下は電子メールをやりとりするときに守らなければならないネットワークエチケットである．

- ✉ 機密を保つ必要のある電子メールは暗号化して送信する．
- ✉ 電子メールでは氏名などの身分を明記する．
- ✉ 大きいサイズのデータは送らない．送るときは圧縮する．
- ✉ 不特定多数に広告などの電子メールを送信しない．
- ✉ チェーンメールを送信しない．
- ✉ 半角カタカナや特殊記号の機種依存文字は使用しない．
- ✉ 公序良俗に反する画像などを扱わない．
- ✉ 他人を誹謗中傷しない．
- ✉ クレジットカード番号やパスワードはメールに書かない．

✉ 受け取ったメッセージを他人に転送したり，再投稿したりする場合は元の言葉遣いを変えてはいけない．自分宛の個人的なメッセージをあるグループに再投稿する場合には，あらかじめ発信者に再投稿の許可を求めておかなければならない．メッセージを短縮し，関連する部分だけ引用しても構わないが，適切な出典を示す必要がある．

✉ 返事をするときには，CC: と BCC: の宛先に気をつけよう．メッセージが1対1のやりとりになるときには，他人を巻き込まないように注意する．

✉ メールにはメッセージの内容を反映するサブジェクト（件名）を付ける．

✉ 署名を付ける場合は短くする．

このようなエチケットは規則ではなく，あくまで自主的に行われるものであるが，思わぬトラブルや事件となることもあるので重要なこととして常に意識する必要がある．

(練習課題)
LINE，Facebook，Twitter のセキュリティについて調べてみる．

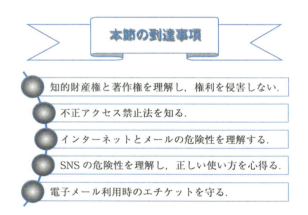

3-2　情報リテラシー

3-2-1　情報リテラシーとは

　情報リテラシーとは，デジタル・非デジタル（アナログ）を問わず，何らかの事象に関する情報を適切に取り扱い，論理的な思考をもって価値を正しく判断できる能力である．情報は，収集，加工，分析，発信というプロセスを経て処理されるものであり，情報リテラシーはそのすべての段階で必要となる．情報社会に生きる現代人にとって必要不可欠な能力である．

3-2-2　情報収集・加工・分析・発信能力

情報収集能力

　レポート・卒論を書こうとするとき，データや資料等が必要になる．そのときには，図書館で調べ，インターネットをとおして国内外から様々な情報を集める能力が必要になる．ここでは，レポート・卒論の執筆時に参考になるようなWebサイトをいくつか紹介する．

学術論文を探す

・CiNii Articles　http://ci.nii.ac.jp/

　　日本で刊行された学術論文を，キーワードで検索できる．本文がPDF形式でWeb上に公開されている論文もある．本文が閲覧できない論文については，自分の大学の図書館や他大学の図書館，国会図書館などに所蔵されていることがあるので，大学の図書館カウンターなどに相談すること．

・Google Scholar　https://scholar.google.co.jp/

　　様々な言語で発行された全世界の学術論文を，キーワードで検索できる．CiNii Articlesと同様に，PDF形式で公開されている論文もある．

資料を探す

・国立国会図書館デジタルコレクション　http://dl.ndl.go.jp/

　　国会図書館所蔵資料のうち，戦前までのものを中心としてデジタル化され，インターネット上から誰でも閲覧できる．戦後の所蔵資料についてもデジタル化が進められており，それらのうちの一部については，大学の図書館などで閲覧可能な場合もある．

・国立公文書館デジタルアーカイブ　https://www.digital.archives.go.jp/

　　国立公文書館が所蔵する資料のうちでデジタル化された資料をインターネット上から閲覧できる．

・東京大学史料編纂所データベース　http://wwwap.hi.u-tokyo.ac.jp/ships/

　　東京大学史料編纂所が所蔵する史資料を中心としてデジタル化，データベース化されたものについてキーワード等で検索できる．古文書や絵図なども閲覧できる．

・国際日本文化研究センターデータベース　http://db.nichibun.ac.jp/ja/

　　国際日本文化研究センターが構築してきた様々な史資料に関するデータベースであり，史資料の原本に関する高解像度のデータなども閲覧できる．

地域・社会に関する情報を探す

・e-Stat 政府統計の総合窓口　https://www.e-stat.go.jp/

　　政府の各省庁が作成，公開している統計データを閲覧，ダウンロードできる．国勢調査などの統計調査の結果の集計表を，キーワードで検索して探し出すことができる．伊勢市や三重県のような地域のデータだけでなく，日本全体のような社会に関する様々なデータが公開されている．

　インターネット上にない情報もある．
　情報収集時に役立つ，いくつかの Web サイトを紹介したが，インターネット上にすべての情報が存在しているとは限らない．デジタル形式で管理されていない情報もあるし，デジタル形式であってもインターネットに接続されていない情報もある．これらの情報は，図書館等で原本を探したり，直接現地に赴いたりすることで収集できる．
　インターネット上にないからといって，世の中に存在しないと考えるのは早計であり，恥ずべき態度である．情報収集能力を正しく身に付けるためには，インターネット上にある情報がすべてではないことを常に意識する必要がある．

情報加工・分析能力

　データや資料を集めた後，目的に合わせて文書を書き，表・グラフで表現する．また，データに基づいた分析を行うことも必要になる．これらの技術については，今後の授業で順次紹介する．

💻 文書作成：ワープロソフトを使って，文書の作成・修正・保存・印刷を行うことができる．なお，文書に写真・図表等を貼り付けることで，文書が見やすくなり，表現力を高めることができる．

💻 表計算・グラフ作成：表計算ソフトを使って，データ入力をし，データの集計だけでなく，様々なデータ分析（クロス集計等）を行うことができる．なお，データを視覚的にわかりやすいようにグラフで表現する．

💻 データベースの作成：表計算ソフトを使って，小規模のデータベースを，あるいはデータベースソフトを用いて，本格的なデータベースを構築することができ，データをレコード単位で扱い，選択・射影・結合等の複雑なデータ分析を行うことができる．

情報発信能力

　情報の収集・加工が完了した後，何らかの形でまとまった情報の成果物を発表する必要があ

る．
- 💻 プレゼンテーション資料の作成：自分の考えやアイデアをわかりやすく的確に相手に伝えるために，情報を分析することで得られた成果を適切かつ効果的にプレゼンテーションする力を求められている．
- 💻 Web サイトの構築：現代では，インターネットを利用して容易に全世界に情報を発信することができる．ブログサービスなどを活用して，インターネット上に分析結果として得られた成果を発信することができる．

(練習課題)
　CiNii を利用して，興味のある分野の論文を探し，メモ帳で文献リストを作成する．

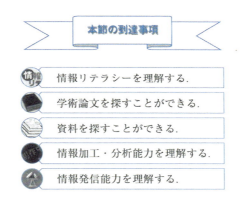

4 章

Word

4-1 Word の基礎編

Word[1]は，代表的なワープロソフトである．論文，レポートなどの文書作成や，はがき・封筒の宛名印刷等もできる．また，写真やイラストを挿入でき，図形や表を付けることもできる．

4-1-1 Word の起動と終了

起動
- ☑ スタートメニューから起動する．
- ☑ 検索バーに「Word」と入力して起動する．
- ☑ 既存の Word ファイルをダブルクリックして起動する．

終了
- ☑ ファイル メニューをクリックし，［閉じる］を選ぶ．
- ☑ 開いている Word ウィンドウの右上端の ✕ ボタンをクリックする．

文書を保存せずに Word の終了処理を行うと，図 4-1 のようなダイアログボックスが表示され，文書の保存し忘れを防げる．

図 4-1

4-1-2 Word のインターフェース

Word 起動（ファイルから直接起動を除く）の際，テンプレートを選択する画面が表示される．テンプレートを選択して，すばやく文書を作成することができる．なお，オンラインテン

---

1) Microsoft 社が開発したパッケージソフト「Microsoft Office」の中核をなすアプリケーションのひとつである．

プレートの検索を行い，豊富なオンラインコンテンツからテンプレートを選択することもできる．［白紙の文書］を選択すると白紙の編集画面が表示される．

Word はリボンインターフェースをもち，【ホーム】，【挿入】，【デザイン】，【レイアウト】，【参考資料】，【差し込み文書】，【校閲】，【表示】タブボタンをそれぞれクリックすると，リボンが切り替わり，各リボンに属するコマンドボタンが表示される．例えば，【ホーム】リボンを構成するコマンドボタンは［クリップボード］，［フォント］，［段落］，［スタイル］，［編集］というグループに分かれる．インターフェースの詳細は図 4-2 に示すとおりである．

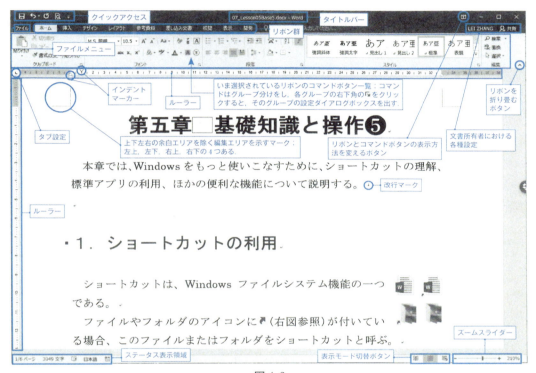

図 4-2

4-1-3 文字列の編集

白紙の文書テンプレートで Word を起動した場合，「文書 1」という名称の文書が作成される．また，新しい文書を作成するには ファイル メニュー→［新規］を選択すればよい．Word は同時に複数の文書を編集することができる．

Word 画面のカーソル（点滅している縦棒「｜」）の位置から文字入力ができる．文字列の編集は次のように行う．

まず，編集したい文字列をドラッグ操作（文字列をなぞる）で反転させて選択すると，下記のような操作ができる．

✓ **移動**：選択している文字列をドラッグすると，文字列の移動ができる．

✓ **コピー**：⎡Ctrl⎤キーを押しがなら，選択している文字列をコピー先までドラッグする（⎡Ctrl⎤キーよりマウスボタンの方を先に離す）．

✓ **置換**：文字列を選択している状態で文字入力を行うと，選択している部分の文字列が後から入力された文字列に置き換わる．

✓ **削除**：文字列を選択している状態で⎡Delete⎤キーか⎡Back space⎤キーを押すと選択している文字列が削除される．

4-1-4　前の作業状態に戻す

　前の編集状態に戻したい場合は⎡Ctrl⎤＋⎡Z⎤コマンドを使うか（このコマンドを1回使うたびに，ひとつ前の状態に戻っていく），クイックアクセスツールバーの［元に戻す］ボタン🔄をクリックする．何段階か前の状態に戻すには，このボタン右側の下向き矢印🔽をクリックし，一覧から選択する．逆に［前の状態に戻す］をキャンセルしたい場合は，［やり直し］ボタン🔄（⎡Ctrl⎤＋⎡Y⎤コマンドも同じ）をクリックすればよい．

4-1-5　文書保存

　クイックアクセスツールバーの［上書き保存］ボタン💾を押す．初めて保存する場合は，図4-3のような［名前を付けて保存］というダイアログボックスが表示される（2回目からは何も出ない）．

　まず，保存先を決め，次にファイル名を入力し，最後に［保存(S)］ボタンを押す．この操作を怠ると，せっかく作ったファイルがどこにどのようなファイル名で保存されたかわからなくなるので注意が必要である．

4-1-6　既存文書の編集

　主に2つの方法がある．

✓ Wordの⎡ファイル⎤メニューから［開く］→［参照］という順でクリックすると，［ファイルを開く］というダイアログボックスが表示される．ファイルがあるフォルダーまでたどり着き，ファイルをダブルクリックする．

✓ エクスプローラ等で開きたいファイルを表示させ，そのファイルのアイコンをダブルクリックする．

4-1 Word の基礎編　　53

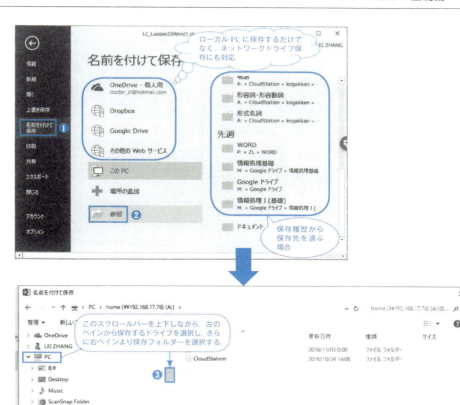

図 4-3

4-1-7　文書印刷

ショートカットコマンド Ctrl + P で印刷プレビュー画面に切り替わる．あるいは，ファイルメニューから［印刷］を選択すると図 4-4 のように表示される．

プリントアウト（印刷）を行う際，下記の注意事項をしっかり確認する．

- 選択したプリンターとそのプリンターの状態を確認する．
- プリンターのプロパティ設定を必要に応じて行う．
- 印刷範囲を確認する．
- 印刷方向・給紙方法・用紙サイズを確認する．
- 拡大縮小・両面印刷の設定を確認する．

最後に，印刷プレビューですべてのページを確認し，印刷ボタンを押す．

54　4章　Word

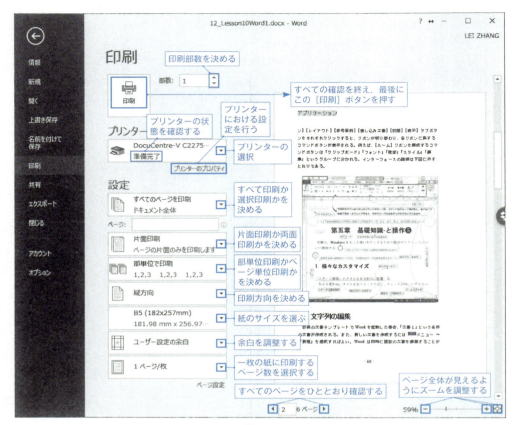

図 4-4

- Word インターフェースの各部分の名称を覚えている．
- 文字列編集（コピー・移動・削除等）の方法を理解している．
- ファイルを自分の意図した場所に保存できる．
- プレビューで各種設定を確認してから印刷できる．
- 【ホーム】リボンを構成する各グループのコマンドボタンの役割をアイコンで覚えている．
- ページ設定ダイアログボックスの内容を理解している（付録 6 参照）．

4-2 Wordの設定・書式編

4-2-1 各種表示モード

- **印刷レイアウトビュー**：【表示】リボン→［印刷レイアウト］
 Wordが起動した際のデフォルトのビューであり，すべての要素が表示される．このビューでは文字や画像などの配置を確認でき，ヘッダーとフッターの編集，余白の確認，段組みと描画オブジェクトを表示しながらの作業に適している．

- **下書きビュー**：【表示】リボン→［下書き］
 文字・表のみの表示となり，ヘッダー・フッターや画像が表示されなくなり，入力と編集のスピードが上がる．文字入力作業を中心とする際に適したビューである．

- **Webレイアウトビュー**：【表示】リボン→［Webレイアウト］
 Webページのレイアウトで文書を表示する．このビューに特化した設定や機能もある（例えば：【デザイン】リボン→ページの色）．Wordでホームページファイルを作成した場合，このビューを使って確認することができる．

- **アウトラインビュー**：【表示】リボン→［アウトライン］
 文書をアウトライン構造で作成すると，文書を「ブロック」（例えば，章・節・項）単位で移動したり，レベルを変更したり，レベルごとの表示を制御したりすることができる．アウトライン構造をもつ文書は目次の自動作成やナビゲーションウィンドウによる見出し表示等の機能にも対応できる．

- **閲覧モード**：【表示】リボン→［閲覧モード］
 文書を本のように見開きページで閲覧するモードである．このモードでは，文書を編集することができない．このモードの解除は Esc キーを押す．

 ビューの切り替えは，画面下部の ボタンでもできる．

4-2-2 ページ設定

 文書のスタイルを詳細に設定するためには，【レイアウト】リボンの［ページ設定］グループ右下端のボタンをクリックする．

図 4-5

［文字数と行数］タブ（図4-5参照）：ここでは主に下記の設

定を行うことができる．

- ☑ 文字方向（横書きか縦書き）
- ☑ 段数指定
- ☑ 1ページの行数と1行の文字数の指定

設定の対象は［文書全体］と［これ以降］から選択できる．

図 4-6

［余白］**タブ**（図 4-6 参照）：ここでは主に下記の設定を行う．

- ☑ ページの上下左右の余白
- ☑ 印刷の向き
- ☑ 印刷の形式

印刷の形式を［見開きページ］にした場合，左右余白は［内側］と［外側］に変わる．なお，とじしろの設定もここで行うことができる．

［用紙］**タブ**：用紙選択は，既定サイズからの選択と任意のサイズ指定ができる．なお，［印刷オプション(T)］ボタンをクリックすると，図 4-7 に示すような印刷オプションを選ぶことができる．

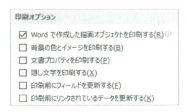

図 4-7

［その他］**タブ**：主にヘッダーとフッターの設定を行うことができる（図 4-8 参照）．例えば，［先頭ページのみ別指定(P)］はレポートのカバーページにページ番号を付けない場合などに使われる．

4-2-3　ヘッダーとフッターの設定

　ページの上余白と下余白領域に文字やページ番号等を挿入する部分を，それぞれヘッダーとフッターと呼ぶ．【挿入】リボンの［ヘッダーとフッター］グループで設定を行う．

ヘッダーの挿入：【挿入】リボン→ → ヘッダーの編集(E)
フッターの挿入：【挿入】リボン→ → フッターの編集(E)
ページ番号の挿入：【挿入】リボン→

　ページ番号を挿入した後，［ページ番号の書式設定(F)］でページ開始番号等を設定することができる．

図 4-8

図 4-9

　ヘッダーとフッターの編集を行っている間，図 4-9 の【ヘッダー/フッターツール・デザイン】リボンが表示される．ヘッダーとフッターに挿入できるのは，ページ番号や直接入力する文字以外に，［日付と時刻］，［ドキュメント情報］，［クイックパーツ］，［画像］，［オンライ画像］等がある．設定が終わったら，ボタンを押す．

練習　レポートカバーページのページ番号を非表示にし，次のページからページ番号を「-1-」にする．
① ヘッダー/フッターの設定で［先頭ページのみ別指定］を選ぶ．
② 次のページにページ番号を挿入する．
③ ページ番号を右クリックし，［ページ番号の書式設定(F)］を選ぶ．
④ 表示されたポップアップウィンドウ画面で，［番号書式］と［連続番号］を設定する．

4-2-4　書式編集

　Enter キーを押すたびに，記号 ↵ が段の後ろに表示される．この記号で区切られた 1 ブロックの文のことを段落と呼ぶ．

Word では，書式設定の対象は**段落単位**となっている．

　Shift キーを押しながら，Enter キーを押すと，記号 ↓ が行の後ろに表示される．この記号は段落を変えずに改行を入れることを意味する．したがって，形のうえではいくつかの"段"になっている文を"1 段落"として編集することができる．

　ここでは，【ホーム】リボンを中心に主な機能について説明する．

図 4-10

☑ ［フォント］グループ

このグループのコマンドは Word の最も基本的なものであり，使用頻度が非常に高い．使い方は：

- 編集したい文字列を選択する．
- コマンドボタンを押す．

逆にコマンドボタンを押してから，文字入力を行うことも可能である．

☑ ［段落］グループ

簡条書きと段落番号

段落番号ボタン ▥▾ と箇条書きボタン ▥▾ をクリックする．なお，同ボタンの下向き矢印を押し，段落番号や行頭記号を選択することができるし，新しい段落番号や行頭記号を選択することもできる．箇条書きと段落番号の解除は同じ操作で［なし］を選ぶ．

アウトライン

アウトラインボタン ▥▾ をクリックし［リストライブラリ］から選択する．

インデント ▦ ▦

この 2 つのボタンで文字列に字下げを付けたり解除したりできる．

文の揃え方 ▦▦▦▦▦

この 5 つのボタンでは，文章の揃え方（配置）を「左・中央・右・両端・均等割り付け」に設定できる．

行と段落の間隔 ▥▾

図 4-11 のように行や段落の間隔を設定することができる．段落の前と後ろに間隔を入れるために，Enter キーを押して空行を入れることがあるが，ここでの設定では，倍率やポイント単位で，行間の微調整を行うことができる．

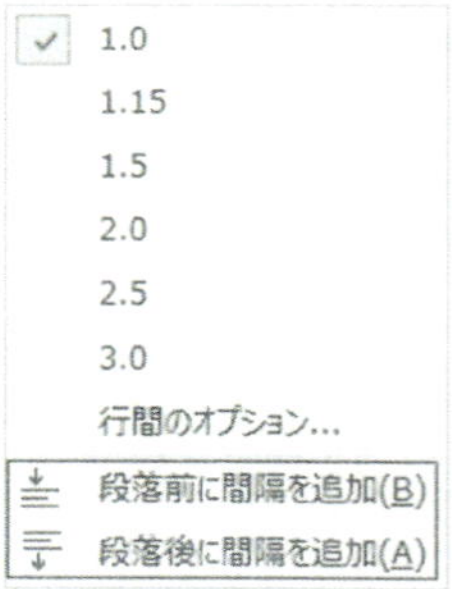

✓	1.0
	1.15
	1.5
	2.0
	2.5
	3.0
	行間のオプション...
≛	段落前に間隔を追加(B)
≛	段落後に間隔を追加(A)

図 4-11

塗りつぶし ▥▾

選択した文字や表セルの背景の色を変える．

編集記号の表示と非表示 ▦

段落記号，タブ記号等の書式設定記号の表示と非表示を切り替える．

段落のプロパティ

段落グループ右下の矢印アイコンをクリックすると，段落プロパティ画面が図 4-12 のように表示される．文書体裁等の設定を行うことができる．例えば，[英単語の途中で改行する(W)] という設定は最初オフになっているので，オンにすることによって，英文の途中改行によってバランスが変わる．

図 4-12

✓ ルーラーの使用

インデントとは段落の行頭，行末と用紙の余白の間にスペースを空ける機能である．左右のインデント設定を行うと，段落ごとに左右の余白から文字までの幅が変更される．図 4-13 に示したインデントマーカーで簡単に文字列の配置を設定することができる．インデントマーカーをインデントの位置までドラッグすると，選択された段落をその位置に揃えることができる．

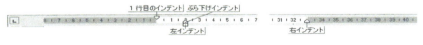

図 4-13

☑ スタイルグループ

よく使われるスタイルがコマンドボタンとして並べられている．

- カーソルを編集する段落に置く．
- スタイルグループのアイコンをポイントすると，段落のスタイルが変わるので，効果を確認した後，クリックして決定する．

☑ 編集グループ

このグループのコマンドは文書内での文字列検索，置換等を行うほか，文字列以外のオブジェクトの選択等もできる．

- 検索 ボタンを押すと，検索ナビゲーション作業ウィンドウが表示されるので，文字入力フィールドに検索キーワードを入れると，結果が表示されると同時に文書内の該当文字も色が反転して表示される．さらに，［高度な検索（A）］機能を使うことによって，ワイルドカード文字での検索や［あいまい検索］，書式付きの検索等を行うことができる（図 4-14 参照）．

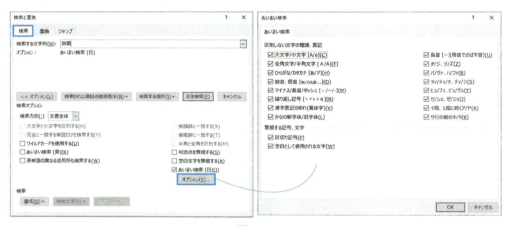

図 4-14

- 置換 ボタンを押すと，［検索と置換］ダイアログボックスが出る．検索と同じように置換と書式付きの高度な置換ができる．
- 選択 ボタンを押すと，図 4-15 のように文書内のテキストまたはオブジェクトを選択するために便利な選択ツールを選ぶことができる．

図 4-15

4-2-5 その他の書式

☑ 段組の使用

文書全体の段分けは［ページ設定］ダイアログボックスで［文字数と行数］タブの中にある［文字方向］グループの［段数（C）］で行う．文の一部分だけを段組に設定するには，選択した文を【レイアウト】リボンの［ページ設定］グループの［段組］ ボタンで行う．

4-2　Wordの設定・書式編　　61

☑　**ドロップキャップ**

　カーソルを設定する段に置き，【挿入】リボンの［テキスト］グループにある ![ボタン] ボタンでドロップキャップパターンを選ぶ．

☑　**タブの使用**

　箇条書きなど，項目の先頭位置または後ろの位置を揃えたい場合には，タブを用いる．

表 4-1

タブの種類	機　　　能	ボタン
左揃えタブ	文字列の左をタブの位置に揃える	⌞
中央揃えタブ	文字列の中央をタブの位置に揃える	⊥
右揃えタブ	文字列の右をタブの位置に揃える	⌟
小数点揃えタブ	数字の小数点をタブの位置に揃える	⊥
縦棒タブ	タブ位置に縦棒を表示する		

☑　**書式のコピーと貼り付け**

　手っ取り早く書式設定を行う方法のひとつは，【ホーム】リボンの［クリップボード］グループの ![書式のコピー/貼り付け] コマンドボタンである．

　　✎　コピー元の書式のある文字を1文字分以上なぞって， ![書式のコピー/貼り付け] をクリックすると，カーソルの横にブラシのアイコンが現れる．

　　✎　ブラシ付きのカーソルで貼り付け先の文字列をなぞると，書式が貼り付けられる．

　数か所に同じ書式を設定する場合， ![書式のコピー/貼り付け] ボタンをダブルクリックする．これでカーソル横のブラシアイコンが Esc キーを押すまで継続的に表示されるので，書式の貼り付けを繰り返して行うことができる．

本節の到達事項

- アウトライン構造で文章を作成することができる．
- ページ設定の細かい部分まで理解し，使いこなせる．
- ヘッダーとフッターの設定，ページ番号の挿入と編集ができる．
- ルーラーとインデントマーカーを使いこなせる．
- 【ホーム】リボンの［フォント］，［段落］グループの諸コマンドを使いこなせる．
- 文字列の検索と置換を行える．
- 文字の書式コピーができる．

4-3 Wordの図・表編

4-3-1 画像等の挿入と編集

☑ **画像の挿入と編集**

【挿入】リボンの［図］グループから［図］ボタン  をクリックし，［図の挿入］ダイアログボックスから画像ファイルを選択し挿入する．

挿入した画像を右クリックし，メニューから［図の書式設定(O)］を選択すると，右側に［図の書式設定］作業ウィンドウが表示される．［塗りつぶしと線］の設定を行う◇ボタン，［効果（影・反射・光彩・3D等）］の設定を行う◯ボタン，［レイアウトとプロパティ］の設定を行う▣ボタン，［図（修整・色・トリミング）］を行う▣ボタンをそれぞれクリックし，切り替えられた設定項目より編集を行う．

なお，新たに表示される［図ツール］の【書式】リボンを用いて編集することもできる（図4-16参照）．

図 4-16

☑ **オンライン画像の挿入**

【挿入】リボンの［図］グループの［オンライン］ボタン をクリックすると，図4-17のようにオンライン画像を挿入することができる．オンラインの画像を挿入する際は，画像の著作権や利用条件を十分に確認し，自分の文書に利用してもよいものに限り，挿入する必要がある（場合によっては不法行為と見なされることがある）．

図 4-17

☑ **図形の挿入と編集**

【挿入】リボンの［図］グループのボタン をクリックし，一覧（図4-18参照）から図形を選択すると，マウスポインターが黒い十字へと変わり，図形を入れる場所をクリックすると

その図形が挿入される．画像挿入の場合と同じように［描画ツール］の【書式】リボンが表示される．挿入した図形を右クリックし，［図形の書式設定(O)］を選択すると，右側に［図形の書式設定］作業ウィンドウが表示される．設定と編集は画像の場合とほぼ同じである．

ほかに，［SmartArt］，［Word アート］等の挿入と編集手順も似たようなものである．

☑ 挿入されたコンテンツの配置の設定

文字と画像コンテンツの位置関係や画像コンテンツ間の位置関係を調整する設定は［配置］グループのコマンド群を用いる（図 4-19 参照）．

❶ 文書と図形等のコンテンツの位置関係を選択することができる．
❷ 文字列と図形等のコンテンツの位置関係を選択することができる．
❸ 図形等のコンテンツが位置的に重なる場合の重なり順についての前後移動等を設定することができる．
❹ 図形等のコンテンツを回転・反転することができる．
❺ 複数のコンテンツを選択し，1つのコンテンツ（グループ）にまとめる設定とその解除設定ができる．
❻ 複数のコンテンツを選択し，位置的に揃えるように設定できる．

図 4-18

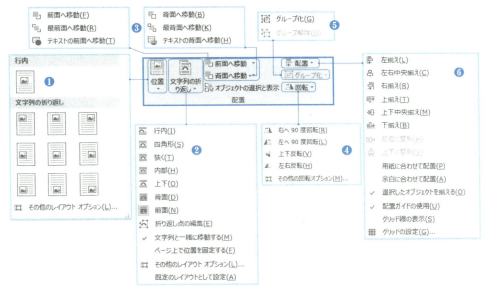

図 4-19

4-3-2　表の簡単な作成方法

【挿入】リボンの［表］グループの［表］ボタンをクリックし，ドロップダウンメニューから図 4-20 のようにマス目をなぞるだけで表を作成することができる．

なお，［表の挿入(I)…］を選択すると，図 4-21 の［表の挿入］ダイアログボックスが出てくる．［表のサイズ］，［自動調整オプション］を決め，OK ボタンをクリックすることで表作成もできる．

図 4-20

表が挿入されたら，表ツールとして新しいリボンの

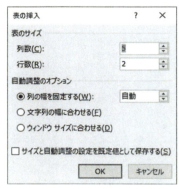

図 4-21

【デザイン】と【レイアウト】が表示される（図 4-22 参照）．

表を構成する行と列が交わる四角の領域を**セル**と呼ぶ．セルに文字等を入力することができる．表の中にマウスポインターをあてると表の左上角に**移動ハンドル**と呼ばれるマークが表示される．このハンドルをドラッグすると表を移動することができ，右クリックすると，操作コマンドのショートカットメニューが表示される．

図 4-22

4-3-3　表ツール

【デザイン】リボン：［表のスタイル］グループの右下 ボタンをクリックすると，表のスタイル一覧が表示され，選択するだけで表のデザインを変えることができる．このグループの ボタンでセルの背景色を付ける／解除することができる．

［表スタイルのオプション］グループボタンで表の［タイトル行］，［集計行］等の表示設定をすることができる．

［飾り枠］グループのツールを使って，罫線の色・太さ・スタイルを選択して罫線を引くことができる．［飾り枠］グループの ボタンをクリックすると，［線種とページ罫線と網掛けの設定］ダイアログボックスが表示され，そこで［罫線］，［ページ罫線］，［網掛け］設定を行うことができる．

【レイアウト】リボン：［表］，［罫線の作成］，［行と列］，［結合］，［セルのサイズ］，［配置］，［データ］の7つのグループから構成される．

［表］グループでは，表の選択や表のプロパティ設定，グリッド線の表示ができる．［罫線の作成］グループでは，罫線の作成と削除ができる．［**行と列**］グループでは，行や列の挿入や表自体の削除ができる．［結合］グループでは，セルの分割や結合，表の分割ができる．［**セルのサイズ**］グループでは，行や列の高さや幅を変えたり揃えたりすることなどができる．［**配置**］グループでは，文字とセルの位置関係を調整したり，文字の方向を変えたりすることができる．［**データ**］グループでは，表の並べ替えや計算式の埋め込みなどを行うことができる．

4-3-4 表の計算（参考）

Wordでは簡単な表計算を行うことができる．作成した表に半角数字でデータを入力し，計算式を入れるセルを選択し，【レイアウト】リボン［データ］グループの ƒx ボタンをクリックすると，図4-23の［計算式］ダイアログボックスが出てくる．

［関数貼り付け(U)］のドロップダウンリストから該当関数を選択し，関数の引数を入れ，表示形式を選択し，OK ボタンを押す．例えば，SUM(LEFT)という計算式は［左側の数値セルの合計を求める］という意味である．LEFTの代わりにBELOW，ABOVE，RIGHTを入れると，それぞれ下，上，右の数値セルを計算する．表4-2は，関数一覧を示すものである．

図 4-23

表 4-2

関 数	機 能
ABS( )	括弧内の値の絶対値を計算する．
AND( )	括弧内の引数がすべてTRUEであるかどうか評価する．
AVERAGE( )	括弧内で指定された場所にある項目の平均値を計算する．
COUNT( )	括弧内で指定された場所にある項目の数を計算する．
DEFINED( )	括弧内の引数が定義済みであるかどうか評価．引数が定義済みであり，正常に評価される場合は1を返し，引数が定義されていないか，エラーが返される場合は，0を返す．
FALSE	引数を受け取らず，常に0を返す．
IF( )	1番目の引数を評価し，trueの場合，2番目の引数を返す．1番目の引数がfalseの場合，3番目の引数を返す．
INT( )	括弧内の値の小数部を切り捨て，最も近い整数を返す．
MAX( )	括弧内で指定された項目の最大値を返す．
MIN( )	括弧内で指定された項目の最小値を返す．

MOD( )	2つの引数を受け取り，2番目の引数を1番目の引数で除算したときの剰余を返す．剰余が0の場合，0を返す．
NOT( )	1つの引数を受け取り，trueかどうかを評価し，trueの場合は0を返し，falseの場合は1を返す．
OR( )	2つの引数を受け取り，どちらかの引数がtrueの場合，1を返す．両方の引数がfalseの場合，0を返す．
PRODUCT( )	括弧内で指定された場所にある項目の積を計算する．
ROUND( )	引数を整数にする．
SIGN( )	1つの引数を受け取り，0よりも大きい場合は1，0に等しい場合は0，0よりも小さい場合は-1を返す．
SUM( )	括弧内に指定された項目の合計値を計算する．
TRUE( )	1つの引数を受け取り，trueかどうかを評価する．trueの場合は1を返し，falseの場合は0を返す．

4-3-5　Wordでのグラフ作成（参考）

　グラフの作成は，【挿入】リボンの［図］グループからグラフボタンをクリックする（図4-24参照）．

　グラフを作成している間に，グラフツールが表示され，【デザイン】と【書式】の2つのリボンが新たに表示され，グラフの横に［レイアウトオプション］ボタン，［グラフ要素］ボタン，［グラフスタイル］ボタン，［グラフフィルター］ボタンが表示される．で文字列との位置関係設定を，でグラフ要素の増減を，でグラフスタイルの選択を，でデータのフィルタリングをそれぞれ行うことができる．

　なお，グラフの編集したい部分をダブルクリックすると，［○○書式設定］という作業ウィンドウが表示され，詳しい設定を行うことができる．

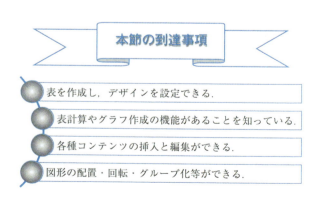

グラフの挿入

すべてのグラフ

- 最近使用したグラフ
- テンプレート
- 縦棒
- 折れ線
- 円
- 横棒
- 面
- 散布図
- 株価
- 等高線
- レーダー
- ツリーマップ
- サンバースト
- ヒストグラム
- 箱ひげ図
- ウォーターフォール
- 組み合わせ

集合縦棒

グラフタイトル

❶ 作成したいグラフのスタイルを選択してOKボタンをクリック

OK　キャンセル

❷ 出てきたシートにデータを入力する．必要に応じて，系列と分類を増減する．

Microsoft Word 内のグラフ

	A	系列1	系列2	系列3	E	F	G	H	I
2	分類1	4.3	2.4	2					
3	分類2	2.5	4.4	2					
4	分類3	3.5	1.8	3					
5	分類4	4.5	2.8	5					

Microsoft Word 内のグラフ

	A	1月売上	2月売上2	3月売上3
2	iPad	¥1,245,680	¥2,541,260	¥6,124,010
3	iPhone	¥5,698,450	¥6,905,420	¥9,850,210
4	iBook	¥8,965,120	¥6,212,010	¥9,421,010

分類1　分類2　分類3　分類4

■系列1　■系列2　■系列3

■1月売上　■2月売上2　■3月売上3

❸ データ入力後，ワードの文書内をクリックすると，シートが終了し，グラフが作成される．

¥12,000,000

¥10,000,000

¥8,000,000

¥6,000,000

¥4,000,000

¥2,000,000

¥0

iPad　iPhone

系列 "3月売上3" 要素 "iPhone"
値: ¥9,850,210

図 4-24

4-4 Word の脚注・目次機能編

本節では，論文やレポート等を作成する際に必要不可欠である，Word での文献の引用方法・脚注挿入・目次作成等の機能について説明する．本節は主に【参考資料】リボンを使う．

図 4-25

4-4-1 脚注の挿入

脚注とは，本文に載せるには適当ではないものの，補足説明として必要な内容を注として本文以外のところに記載するものである．

【参考資料】リボンの［脚注］グループで［脚注の挿入］と［文末脚注の挿入］を行う．

- 脚注挿入：同じページ内の下部に挿入される．例えば，図 4-26 に示すように，［ノイマン型］という言葉を脚注挿入して説明する場合，カーソルをその言葉の後ろに置き，［脚注の挿入］ボタンをクリックする．脚注番号は順番で自動的に振り当てられるので，番号の後ろに脚注としての文言を入れる．

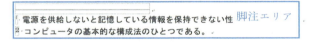

図 4-26

- 文末脚注の挿入：文書の最後に脚注が挿入される．

4-4-2 引用文献と参考文献

卒論などの論文やレポートにおける「引用」とは，書籍や論文に書かれた内容を要約して，自分の文章中に記述することである．書籍・論文の内容をそのまま書き写す引用方法は，「直接引用」と呼ばれ，言葉の定義などの限られた場合にのみ用いられる．引用の際には，文献の著者や出版年次・タイトル・出版社・引用したページを明記する必要がある．引用元を明記しない引用は，剽窃と判断される．参考文献は，引用文献とは異なり，論文等を書く際に，参考にしたのみの文献を指すが，論文やレポートによっては明記する必要がないことが多い．

引用した文献の内容の後ろにカーソルを置き，【参考資料】リボンの［引用文献の挿入］メニューから［新しい資料文献の追加］を選択し，図 4-27 のように作成する．

このように追加した文献を【参考資料】リボンの［文献目録］メニューから［引用文献］等

図 4-27

を選択することで,引用文献一覧を作成できる(図 4-28 参照).この方法を用いれば,論文文末の引用文献リストを簡単に作ることができる.

図 4-28

資料文献のスタイル選択は【参考資料】リボンの[引用文献と文献目録]グループの[スタイル]メニューから選択する.

主なスタイルは:

- APA:アメリカ心理学会のスタイル
- MLA:アメリカ現代言語協会のスタイル
- IEEE:アメリカ電気工学・電子工学技術の学会スタイル
- ISO:国際標準化機構スタイル
- SIST:科学技術情報流通技術基準(SIST)スタイル
- Turabian:Chicago スタイルをベースに,大学生の研究ニーズに合わせて改良したスタイル

4-4-3　目次作成

文書を作成する際，アウトライン構造にしておくと，目次作成が簡単になる．

例えば，文書を章・節・項で構成する場合の目次作成を説明する．

STEP1　章のタイトルにカーソルを置き，【参考資料】リボンの［目次］グループの メニューから［レベル1］を選ぶ．同じように節のタイトルを［レベル2］に，項のタイトルを［レベル3］に設定する．

STEP2　目次を置くページ（普通は文書の先頭）にカーソルを置き，【参考資料】リボンの［目次］グループの［目次］メニューから目次のスタイルを選ぶ．

このように作成した目次は，ページ番号とタイトルが文書と対応するようになる．後の編集によって，ページ番号がずれたり，タイトルが変更になったりしたとき，図4-29のように目次をクリックし，さらに［目次の更新］ボタンをクリックし，表示されたダイアログボックスの［目次をすべて更新する(E)］を選択すると，変更したページ番号と章・節・項タイトルが更新される．

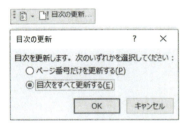

図 4-29

4-4-4　相互参照

論文などの長い文書を作成する際，文中でほかのページを参照する場合がある．直接ページ番号を書き込むと，後の編集作業でページ番号がずれたら大変である．相互参照機能を使えば解決できる．

STEP1　参照される所にブックマークを入れる：【挿入】リボンの［リンク］グループの［ブックマーク］を選んで，ブックマーク名を入力し，［追加(A)］ボタンを押す（図4-30参照）．

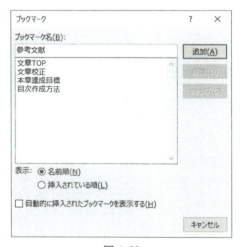

図 4-30

STEP2　参照する所にカーソルを置き，【参考資料】リボンの［図表］グループの［相互参照］を選んで，図 4-31 のように表示されたダイアログボックスの［参照する項目(T)］をブックマークにし，［相互参照の文字列(R)］を選択し，該当ブックマークを選んで，［挿入(I)］ボタンをクリックする．

相互参照ができるのは，段落スタイルとブックマークのみである．

4-4-5　索引作成

STEP1　索引を作成するために，まず語句の索引登録を図 4-32 のように行う（【参考資料】リボンの［索引］グループの［索引登録］）．

STEP2　【参考資料】リボンの［索引］グループの［索引の挿入］で文末に索引が作成される．

索引用語を登録すると，文末に隠し文字である特殊フィールドが挿入される．

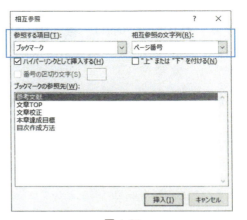

図 4-31

図 4-32

本節の到達事項

- 脚注挿入ができる．
- 正しい引用の方法を理解し，引用文献リストを作成できる．
- 目次の自動作成ができる．
- ブックマークを使って，相互参照ができる．
- 索引を作成することができる．

4-5 Wordの校閲・差し込み機能編

4-5-1 文章校正

【校閲】リボンの［文章校正］グループのボタンをクリックすると，スペルチェックと文章校正が始まる．誤字・脱字・スペルミス・表記のゆれ等を一括処理することができる．右側に［文章校正］作業ウィンドウが表示され，スペルと文章校正の修正候補が表示される（図 4-33 参照）．校正方法としては：

➲ 修正候補を使って修正する
　候補一覧から適切な単語を選び，［変更(C)］をクリックする．文書全体を一括して修正する場合は，［すべて変更(L)］をクリックする．

➲ 正しい単語として認識させる
　［追加(A)］をクリックして単語登録してしまう．

➲ その単語を無視する
　引っかかった単語を無視する場合は，［無視(I)］または［すべて無視(G)］をクリックする．

　なお，スペルチェックと文章校正を自動的に行う場合，［ファイル］メニューから［オプション］→［文章校正］の順にクリックする（図 4-34 参照）．

図 4-33

図 4-34

　スペルミスの単語と文脈のミスは，赤色の波線で示され，簡単に見つけることができる．図 4-34 の［例外(X)］では，文章校正やスペルのエラーを非表示にするオプション設定である．なお，スペルミスの単語を右クリックするとメニューが表示され，処理方法を選ぶことができる（図 4-35 参照）．

図 4-35

図 4-36

自動文章校正をオンにすると，作業中，文法・スタイル・コンテキストが間違っていると思われる単語や語句の下に青色波線が表示される．スペルチェックと同様，間違いの箇所を右クリックすると様々なオプションが表示される．

なお，［校閲］リボンの［文章校正］グループの［文字カウント］機能で文書のページ数・単語数・文字数・段数・行数・英単語数等を確認することができる．［言語］グループの［翻訳］機能によって他言語への翻訳をオンラインで実現可能である．

論文等の長い文書を作成する際，［ファイル］メニューから［オプション］→［文章校正］の順にクリックし，［Word のスペルチェックと文章校正］から［設定(T)］を選択すると，もっと詳しい設定を図 4-36 のように行うことができる．

4-5-2 オートコレクトとオートフォーマット

オートコレクトとは，入力ミス等を自動的に修正してくれる入力支援機能のことである．

［ファイル］メニューから［オプション］→［文章校正］の順にクリックし，［オートコレクトのオプション(A)...］ボタンをクリックすると，オートコレクト設定ダイアログボックスが図 4-37 のように表示され，オートフォーマットの設定も同じダイアログボックスのほかのタブで行う．

リストにはプリントミスになりやすい単語がすでに登録されている．ユーザーは自分の入力癖をカバーするように登録を行うと，入力ミスを減らすことができる．

なお，オートフォーマット機能を使用すると，見出し，行頭文字または段落番号を使った箇

74　4章　Word

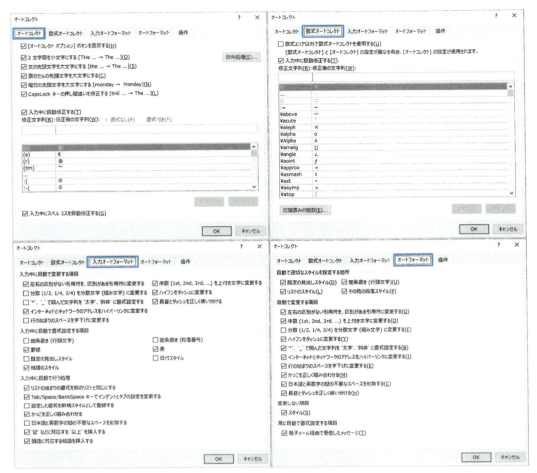

図 4-37

条書き，境界，数値，記号などに書式設定を適用できる．一方，オートフォーマットのデフォルト設定では入力の妨げになる場合もあるので，オートフォーマットのオフ設定も覚えておいたほうがよいだろう．

4-5-3　差し込み文書（参考）

はがきやあいさつ文のように，宛先は違っても文面や書式等が同じような文書を多数作成する場合，差し込み文書機能を活用すると便利である．住所録や宛先リストをあらかじめ用意しておけば，ウィザードを使った簡単な手順で差し込み文書を作成できる．ウィザードの使い方は，はがき作成を例にして説明する．まず，表 4-3 のような住所録を別ファイルで作成しておく．

表 4-3

氏名	連名	敬称	会社	部署	役職	郵便番号	住所_1	住所_2	住所_3	電話	FAX	E-mail	備考
伊勢太郎	幸子	様				541-0043	大阪市中央区	高麗橋 1-1-1	レジデンス A-101				
名張花子		様				514-0001	三重県津市	江戸橋 1-1-1					

【差し込み文書】リボンの［作成］グループの［はがき印刷］ボタンをクリックし，［宛名面の作成(A)］を選ぶと，ウィザードが起動される．画面の指示に従って操作する．途中で作成しておいた住所録を選択する図 4-38 のような場面では注意が必要である．

ウィザードが終わると，差し込み印刷のための文書が新たに作成される（図 4-39 参照）．

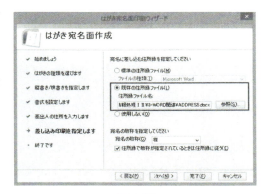

図 4-38

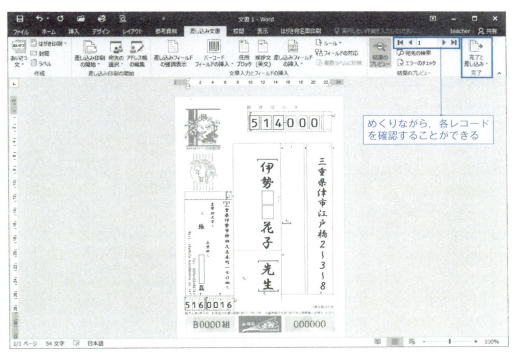

図 4-39

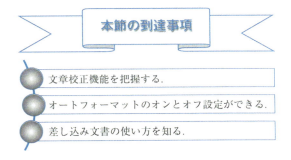

本節の到達事項

- 文章校正機能を把握する．
- オートフォーマットのオンとオフ設定ができる．
- 差し込み文書の使い方を知る．

4-6 Word のその他の機能編

4-6-1 ブックマークとハイパーリンク

　ハイパーリンクとは文書，ファイル，Web ページなどへ切り替えるジャンプ機能のことである．

　Word では，URL[2] を入力した後でエンターキーまたはスペースキーを押すと自動的にハイパーリンクに変換される．

　ハイパーリンク作成のハンドル（文書上での設定対象）になりうるものは，文字列・画像・図形・グラフ・Word アート・スマートアート等である．

ブックマーク作成

　文書内へのハイパーリンク機能等を利用する場合，ジャンプ先のひとつであるブックマークを事前に作成しておく必要がある．

　アウトライン構造を成している文書の場合，段落スタイルがジャンプ先として使える．

　【挿入】リボン→［リンク］グループの［ブックマーク］を選択し，表示されたダイアログボックスにブックマーク名を入力し，［追加(A)］ボタンをクリックする（図 4-40 参照）．

　ブックマークは隠し記号となり，文書には表示されないが，［ファイル］メニューボタン→［オプション］→［詳細設定］の順にクリックし，［構成内容の表示］グループの［ブックマークを表示する(K)］にチェックを入れ，［OK］で閉じると，図 4-41 のようにブックマークのインジケーターが表示される．

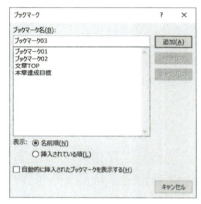

図 4-40

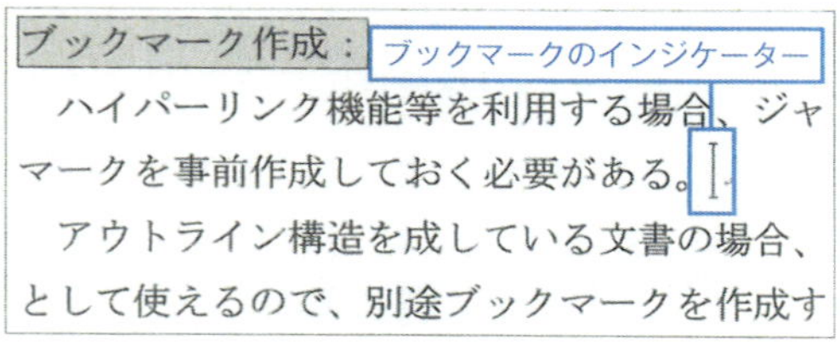

図 4-41

ハイパーリンク作成

STEP1　ハイパーリンクに設定する文字列等を選び，右クリックするメニューから［ハイパ

---

2) Uniform Resource Locator: Web ページアドレス等のインターネット上にあるリソースを特定するための文字列である．

ーリンク(H)] をクリックする．

STEP2　それぞれのジャンプ先に応じて，図 4-42 に示すように

図 4-42

- ☑　既存の［ファイル，Web ページ(X)］にリンクする．［アドレス(E)］欄に URL を入力する．
- ☑　文書内のブックマーク等［このドキュメント内(A)］にリンクする．
- ☑　［新規作成(N)］でリンクを作る．
- ☑　［電子メールアドレス(M)］で電子メールのリンクを作る．

4-6-2　文書のセキュリティ

　文書にパスワードをかけて保存することによって，そのファイルを開こうとするとパスワードを要求されるようになり，パスワードを知らない第三者に文書を読まれてしまうセキュリティ上の危険性を減らすことができる．

　図 4-43 のようにファイルを［名前を付けて保存］する際，ダイアログボックスの［ツール(L)］メニューから［全般オプション(G)］を選ぶと，さらに全般オプションのダイアログボックスが表示され，そこで［読み取りパスワード(O)］と［書き込みパスワード(M)］を設定することができる．

　2 種類のパスワードは，必要に応じてどちらか，あるいは両方を設定する．読み取りパスワードだけを設定した場合，文書を開く際にパスワードの入力を要求され，書き込みパスワードだけ設定した場合，文書を［読み取り専用］モードのみで開けるが，上書き保存ができない．

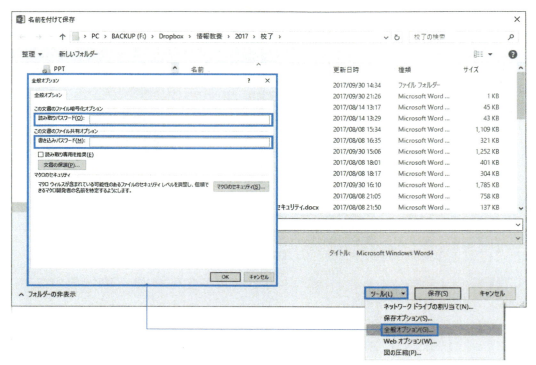

図 4-43

4-6-3 その他の文書フォーマット

☑ **文書を電子メールで送信**

　ファイルメニューから 共有 をクリックし，共有一覧の 電子メール を選択すると，さらに右に一覧選択が表示されるので，［添付ファイルとして送信］，［リンクとして送信］，［PDF ファイルとして送信］，［XPS ファイルとして送信］，［インターネット FAX として送信］等から選ぶ（図 4-44 参照）．

　この機能を使うにはメールアカウントの POP 等の設定が必要である．

☑ **文章をほかの形式で保存**

　ファイルメニューから エクスポート をクリックし，PDF や XPS 形式で Word ファイルを保存することができる（図 4-45 参照）．

　なお，［名前を付けて保存］する際，［ファイルの種類(T)］テキストフィールドの後ろの矢印をクリックすると，ファイルフォーマット一覧が表示される（図 4-46 参照）．

　文書を Web ページや，古いバージョンの Word フォーマット，OpenOffice フォーマットなどに変換して保存することができる．

4-6 Word のその他の機能編

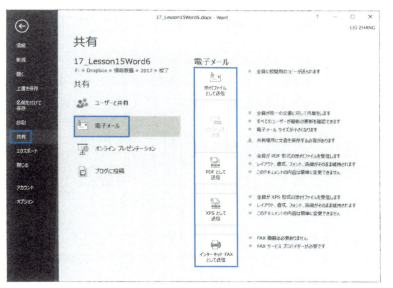

図 4-44

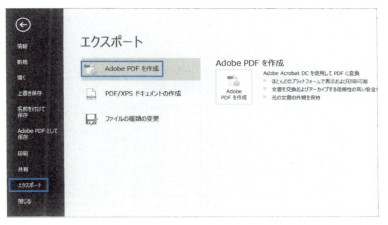

図 4-45

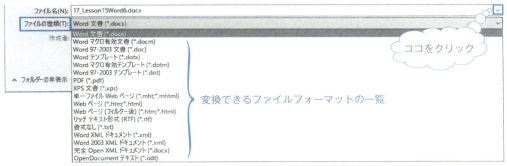

図 4-46

4-6-4　グループ文書機能（参考）

　グループ文書とは，親文書の中に複数の子文書を表示し，全体を１つの文書として扱う機能のことである．グループ作業で手分けした文書を最後にまとめることができる．

　グループ文書作業は，アウトラインモードで行う．

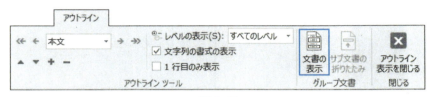

図 4-47

　図 4-47 の［文書の表示］ボタンをクリックしたら，［グループ文書］グループに［挿入］コマンドボタンが表示され，この挿入ボタンですでに作成したほかの文書をサブ文書として親文書に挿入できる．

　グループ化してもサブ文書の中身はサブ文書側にある．しかし，グループ文書側で編集し，上書き保存すれば，変更結果はサブ文書にも反映する．

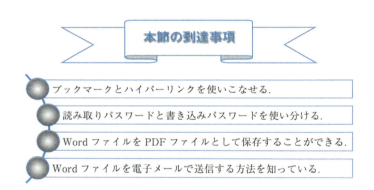

5 章 ■

Excel

5-1 Excel の基礎編

表計算ソフトである Excel は,「表計算」,「グラフ作成」,「データベース」などの主要な機能をもつ.

5-1-1 Excel の起動と終了

起動方法は,Word の章で紹介した方法と同じであるが,ここで,もうひとつの便利な方法を紹介する.

デスクトップ上の何もない場所を右クリックし,ショートカットメニューから［新規作成(X)］→［ショートカット(S)］を選び,表示されたショートカット作成ウィンドウで,［参照(R)］ボタンをクリックし,［PC］→［ローカルディスク C:］→［Program Files］フォルダー→［Microsoft Office］フォルダー→［OFFICE16］フォルダー→［EXCEL.EXE］という順に選択する.最後に［OK］ボタンをクリックすると,パス［C:¥Program Files¥Microsoft Office¥OFFICE16¥EXCEL.EXE］がショートカットの［項目の場所に入力してください(T)］欄に表示されるので,［次へ(N)］ボタンをクリックし,次の画面で［完了(F)］ボタンを押すと,Excel のショートカット X がデスクトップに作成される（すべてのアプリの一覧から［Excel 2016］を右クリックし,ファイルの場所を開いてから,ショートカットをデスクトップにコピーする方法もある）.

Excel のショートカットを右クリックし,ショートカットメニューから［プロパティ(R)］を選び,図 5-1 のように設定を行う.この設定によって,新しいショートカットコマンド Ctrl + Alt + E が Excel の起動にあてられる.よく使うアプリを起動するのに便利である.

5-1-2 Excel の画面説明

Excel のインターフェース画面は図 5-2 のようになっている.

Word のインターフェースと共通している部分は,クイックアクセスツールバー,ファイルメニュー,一部のリボン,一部のコマンドボタン,スクロールボックス（バー）,ズームスライダー,ステータスエリア等である.

82 5章 Excel

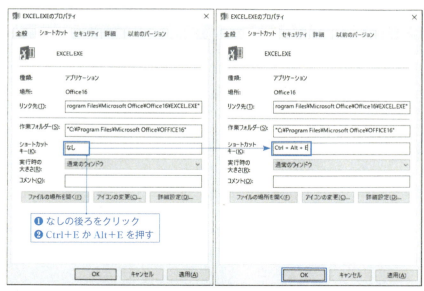

図 5-1

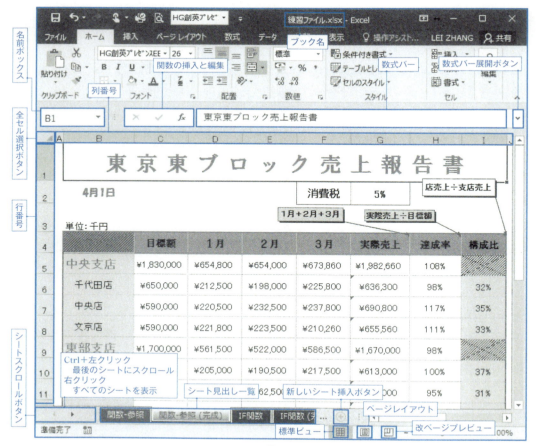

図 5-2

5-1 Excel の基礎編 　83

　Excel のインターフェースは，［ホーム］，［挿入］，［ページレイアウト］，［数式］，［データ］，［校閲］，［表示］の 7 つの基本リボンからなる．このうち【数式】，【データ】リボンは Excel 独特のもので，【ホーム】，【挿入】，【ページレイアウト】，【校閲】，【表示】の 5 つのリボンは Word とほぼ同じである．

　Excel でよく使われる基本概念を表 5-1 にまとめる．

表 5-1

基本概念	説　　明		
セル	列と行で区切られたマス目		
アクティブセル	現在選択されているセルのこと		
シート	セルからなる作業エリア		
数式バー	アクティブセルの内容を表示する場所		
シート見出し	シート下部外側にある横並びのシート名一覧		
マウスポインター	形	表示場所	関連操作
	✛	シート内にポイント	マウスの移動
	✛	アクティブセルの縁	D&D でセル移動
	+	アクティブセルの右下隅	オートフィル操作
	↔	列番号間の隙間	列の幅を変える
	↕	行番号間の隙間	行の高さを変える
	↓	列番号にポイント	列全体の選択
	→	行番号にポイント	行全体の選択
	I	セルの中	セルに入力
	↖	シート外にポイント	各種選択
名前ボックス	アクティブセル等のオブジェクト名を表示する場所		
列番号，行番号	セルのアドレスを決めるための座標のようなもの		

5-1-3　Excel の基本操作

☑　**セルの選択**

　ワークシートで作業を行う場合，いずれかのセルを選択しておく必要がある．

- 1 つのセルの選択：そのセルをクリックする．
- 複数のセルの選択：対角線方向でドラッグする．
- 行，列全体の選択：行，列の番号ボタンをクリックする．
- シート全体の選択：全セル選択ボタンをクリックする．
- 非連続セルの選択：Ctrl キーを押しながら，以上の選択操作を行うと，飛び飛びでも複数セルの選択ができる．

　1 つのセルの選択以外は，選択されたセルの色が反転される．

☑ セルに入力

- 入力したい対象のセルをクリックし，入力を行う．
- セル中での改行：Alt キーを押しながら，Enter キーを押すとセルの中で行を変えることができる．
- セルに説明文を付ける：セルを右クリックし，［コメントの挿入(M)］を選択して説明文を入れると，セルにマウスポインターを合わせたときに吹き出しの形で説明文が自動的に表示される．そのセルに対しての説明等を付けるのに便利な機能である．
- リストからの選択：セルを右クリックし，［ドロップダウンリストから選択(K)…］を選択すると，同じ列に入力済みの文字データがリストに表示され，そこから選択して入力することができる．

※オートコンプリート：連続列に対して入力を行う場合の文字列の自動補完機能である．つまり，セルに入力を行う際，入力される最初の何文字かが既存の文字列と一致した場合，残りの入力文字が自動的に表示され，そのまま Enter キーを押すと，同じ文字列の入力ができる．逆に Back space キーで解除できる．

☑ オートフィル機能

連続データの入力を自動的に行う機能である．手順は下記のとおりである．

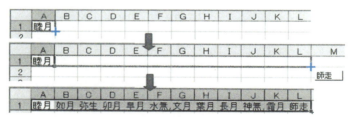

図 5-3

- 連続データを入力するセル範囲の先頭のセルを選択し，連続データの初期値を入力する（連続データの増分値を指定するには，範囲内の次のセルを選択し，連続データの次の値を入力する．2つの初期値の差に基づいて，連続データの増分値が決まる）．
- 初期値が入力されているセル（またはセル範囲）を選択する．
- セル（または選択範囲）の右下隅にマウスポインターを合わせると，マウスポインターは黒い十字に変わる（これをフィルハンドルと呼ぶ）．フィルハンドルをドラッグし，連続データを入力する範囲を選択する（降順の連続データを入力するには，下方向または右方向にドラッグする．昇順の連続データを入力するには，上方向または左方向にドラッグする）．

☑ セル内容の修正とクリア

- 上書き修正：修正するセルを選択して，入力を行う．

- 挿入で修正：修正するセルをダブルクリックし，入力を行う．$\boxed{\text{Enter}}$ キーを押すと修正が確定される．確定される前に $\boxed{\text{Esc}}$ キーを押すと修正のキャンセルができる．
- セル内容のクリア：クリアするセル（またはセル範囲）を選択して，$\boxed{\text{Delete}}$ キーを押す．

☑ **セルの移動とコピー**
- 移動（コピー）するセル（またはセル範囲）を選んで，$\boxed{\text{Ctrl}}$ + $\boxed{\text{X}}$ を押すと選択されたセルは点滅枠線で囲まれるような形になる．
- 移動（コピー）先のセルをクリックし，$\boxed{\text{Ctrl}}$ + $\boxed{\text{V}}$ で貼り付ける．

または：
- 移動（コピー）するセル（またはセル範囲）を選択する．
- 選択した範囲の枠線にマウスポインターを合わせるとマウスポインターが矢印に変わるので，そのまま移動（コピー）先へドラッグする（コピーの場合，$\boxed{\text{Ctrl}}$ を押しながらドラッグする．その際，選択した範囲の枠線の横に小さな十字が表示される）．

☑ **形式を選択して貼り付け**

セルには様々な情報が含まれており，貼り付ける際には必要に応じて，情報を選択して貼り付けることができる（図 5-4 参照）．

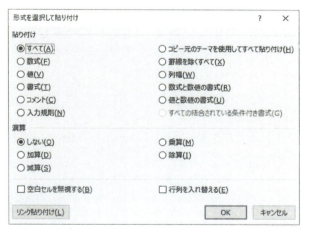

図 5-4

☑ **セルの挿入と削除**
- セルの挿入：右クリックメニューから［挿入(I)］を選択する．もしくは列（行）番号ボタンをクリックし（複数選択も同じ），右クリックメニューから［挿入(I)］を選ぶ．
- セルの削除：目的のセルを選択し，右クリックメニューから［削除(D)］を選択し，

該当のラジオボタンを選択し［OK］を押す．もしくは列（行）番号ボタンをクリックして（複数選択も同じ），右クリックメニューから［削除(D)］を選ぶ．

- ☑ **ワークシートの挿入と削除**
  - 挿入：シート見出しの右端にある⊕ボタンをクリックする．
  - 削除：消したいシートの見出しを右クリックし，［削除(D)］を選択し，さらに表示されたポップアップウィンドウの［削除］ボタンを押す．

- ☑ **ワークシートの移動とコピー**
  移動（コピー）したいワークシートの見出しを右クリックし，［移動またはコピー(M)］を選択する（図5-5参照）．

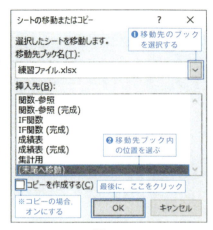

- ☑ **ワークシートの名前変更と色変更**
  名前変更あるいは色変更をしたいワークシートの見出しを右クリックして，［名前の変更(R)］もしくは［シートの見出しの色(T)］を選択する．

図5-5

- ☑ **ワークシートの非表示／表示**
  非表示にするワークシートの見出しを右クリックし，［非表示(H)］を選ぶ．再び表示させる場合は，見出しを右クリックし，［再表示(U)］を選んで一覧から再表示したいワークシートを選択し，［OK］する．

- ☑ **ワークシートの保護**
  保護したいシートの見出しを右クリックし，［シートの保護(P)］を選択した後，パスワードを入力し，許可する操作を選択し，［OK］ボタンを押す．

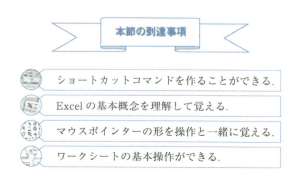

5-2 Excel の編集機能編

本節ではセルの書式設定を中心に Excel での編集機能について説明する．

5-2-1 セルの書式設定

セルの書式設定は【ホーム】リボンの［フォント］，［配置］，［数値］等のグループにあるコマンドで行うことができるほか，より詳しい設定は Excel でショートカットコマンド Ctrl ＋ 1 で表示する［セルの書式設定］ダイアログボックスで行うことができる．タブ順に説明する．

☑ **セルの［表示形式］**

【ホーム】リボンの［数値］グループで表示形式を選択できるが，ここにない形式は［分類（C）］から選ぶ．

☑ **セルの［配置］**

セルに入力される文字列の位置を設定するのに，【ホーム】リボンの［配置］グループのコマンドを使う．もっと細かい設定は，［セルの書式設定］ダイアログボックスの［配置］タブで行う（図 5-6 参照）．

☑ **セルの［フォント］**

【ホーム】リボンの［フォント］グループのコマンド群で設定する．［セルの書式設定］ダイアログボックスの［フォント］タブでしかできない設定は文字飾りに関する［取り消し線］等である．

☑ **セルの［罫線］**

表作成等の場合，セルに罫線を付けることがある（ワークシートにある枠線は罫線ではないので印刷されない）．【ホーム】リボンの［フォント］グループの罫線ボタンを使って，［罫線］のドロップダウンメニューから罫線を作成する．セルに斜線を付けたり，セル背景に模様を入れたりする等の作業は，［セルの書式設定］の［罫線］タブで行う．

☑ **セルの［塗りつぶし］**

【ホーム】リボンの［フォント］グループの［塗りつぶしの色］ボタンをクリックし，背景に付けたい色を選択する．なお，［セルの書式設定］の［塗りつぶし］タブでセルの背景に模様を付けることができる．

☑ **セルの［保護］**

ワークシートの保護は，［セルの書式設定］ダイアログボックスの［保護］タブにある［ロ

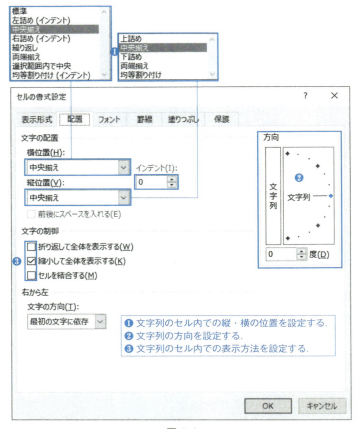

図 5-6

ック(L)］がオンになっているのを前提とする．

5-2-2 セルの編集

☑ 入力済みの漢字にふりがなを付ける

　ふりがなを付けたいセルを選択して，【ホーム】リボンの［フォント］グループの［ふりがなの表示／非表示］ボタンをクリックする．

☑ 条件に合ったデータだけを装飾する

　セルに入力されたデータを，指定した条件に合ったときだけ装飾することができる．
　【ホーム】リボンの［スタイル］グループの［条件付き書式］ボタンを使う．
　例えば，［成績表］のセルに対して［60 点より大きいセルを太赤字で表示］という設定は図 5-7 のように行う．

☑ テーブルとして書式設定

　関連データのグループを簡単に管理・計算・分析できるようにするには，セルの範囲をテー

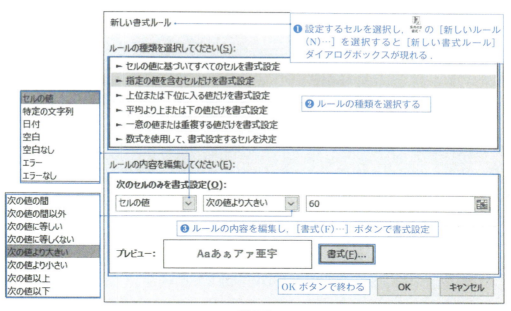

図 5-7

ブルに変換する．テーブルにしたデータは，テーブル以外のデータと独立する形になる．セル範囲を選択し，【ホーム】リボンの［スタイル］グループの［テーブルとして書式設定］ボタンから，スタイルを選択することで，テーブル設定ができる．

☑ テーブルを削除する

　テーブルをセルの範囲に戻す，またはテーブル機能を削除し，テーブルのスタイルだけ残しておく場合は，テーブルを右クリックし，ショートカットメニューから［範囲に変換(V)］を選ぶ．

☑ 文字列の設定

　セルに入力した文字を折り返し複数行に表示する場合，【ホーム】リボンの［配置］グループの［折り返して全体を表示する］コマンドボタンを使う．なお，同じグループの［インデントを増やす］ボタンを使うと，セルの文字が字下げし，見やすくなる．

☑ セルの結合

　複数のセルを選択して【ホーム】リボン［配置］グループの［セルを結合し中央揃え］ボタンを使うと，1つのセルに結合できる．

5-2-3 列と行の編集

☑ 列と行の挿入

　【ホーム】リボンの［セル］グループの［挿入］コマンドボタンから，セル・列・行・シートの挿入ができる．

☑ 列と行の削除

　【ホーム】リボンの［セル］グループの［削除］コマンドボタンを使って，セル・列・行・シートの削除ができる．

☑ 列と行の表示の固定

　タイトルになる行や列を固定し，画面をスクロールしたい場合には，【表示】リボンの［ウィンドウ］グループのコマンド［ウィンドウ枠の固定］ボタンを使う．

☑ 列・行・シートの非表示／再表示

　【ホーム】リボンの［セル］グループの［書式］コマンドボタンを使って，列・行・シートの非表示と再表示ができる．

☑ 列の幅と行の高さの変更

　変更したい列（または行）の列（または行）番号の右（または下）の境界線にマウスポインターを合わせると，マウスポインターは黒い十字に変わる．目的のサイズまでドラッグし，列（または行）の幅（または高さ）を変更する．

　なお，複数の列（または行）を選択して上記の操作を行うと，すべての列（または行）が同じ幅（または高さ）に揃うことになる．

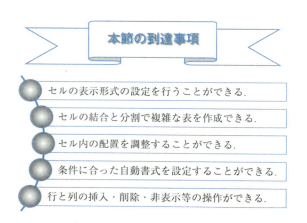

5-3 Excel の関数機能編

Excel での表計算に用いる数式は，セル値，関数，演算子等から構成され，常に半角の等号（＝）で始まる．セルに入力される数式は通常，数式の結果がセルに表示され，数式そのものは数式バーで確認できる．

5-3-1 数式の入力と編集

☑ 数式入力
- 数式を入力したいセルを選択する．
- 直接入力モードになっていることを確認して，等号で始まる式を数式バー，またはセルに入力する．
- Enter を押す．

表 5-2 Excel での演算子の一覧

算術演算子	内容（使用例）	結　果
＋ （プラス記号）	加算 （=21+12）	33
－ （マイナス記号）	減算 （=21-21）	0
＊ （アスタリスク）	乗算 （=40*3）	120
／ （スラッシュ）	割算 （=7/7）	1
％ （パーセント記号）	パーセント （9%）	0.09
＾ （キャレット）	べき算 （=7^2）	49
比較演算子	**内容（使用例）**	**結　果**
＝ （等号）	右辺と左辺が等しい （49=49）	TRUE
＞ （〜より大きい）	左辺が右辺より大きい （25>49）	FALSE
＜ （〜より小さい）	左辺が右辺より小さい （49<25）	FALSE
>= （〜以上）	左辺が右辺以上 （12>=12）	TRUE
<= （〜以下）	左辺が右辺以下 （49<=49）	TRUE
<> （不等号）	左辺と右辺が等しくない （25<>25）	FALSE
文字列演算子	**内容（使用例）**	**結　果**
＆ （アンパサンド）	文字列の結合 （="伊勢"&"神宮"）	伊勢神宮
参照演算子	**内容（使用例）**	**結　果**
： （コロン）	セル範囲の参照演算子 （A1:B2）	A1, A2, B1, B2 を参照
， （カンマ）	複数選択の参照演算子 （A1,A3）	A1 と A3 を参照
（スペース）	共通部分を示す参照演算子 （D2:D4 C3:D3）	D2:D4 C3:D3 を参照

92 5章 Excel

☑ 数式編集

- ▌ 数式の編集を行うセルを選択する.
- ▌ 数式バーをクリックし，数式バーで編集する.
- ▌ 編集完了後，[Enter]を押す.

上記の演算子とセルを用いて計算式を作成することができる．1つの数式で複数の演算子を使用する場合，表5-3に示した順序で計算が実行される．数式に同順位の演算子が含まれる場合（例：乗算と除算），左から右の順に計算が実行される．なお，最初に計算を実行する必要のある数式の要素を括弧で囲むことによって，計算順序を変更することもできる.

表5-3 演算子の優先順位

優先順位	各演算子
高 ↓ 低	参照 符号 (-) パーセンテージ (%) べき乗 (^) 乗除算 (*, /) 加減算 (+, -) 文字列の結合 (&) 比較 (=, <, >, <=, >=, <>)

5-3-2 関数の使用

関数を入れるセルを選択し，関数挿入ボタンをクリックすると［関数の挿入］ダイアログボックスが表示される．まず，関数の分類から大区分を選び，関数リストから目的の関数を選択する．分類がわからない場合は［すべて表示］にして探す.

よく使われる関数は【ホーム】リボンの［編集］グループの［オートサム］ボタンで選択できる．なお，【数式】リボンからもジャンル別の関数選択ができる.

関数のセル記述において表5-4参照のこと.

表5-4

記述方式	例	関　数　例
連続範囲記述	D3:D9 コロンで区切る	SUM(D3:D9)は D3+D4+D5+D6+D7+D8+D9 を表す.
個別記述	D3, F6, G9 カンマで区切る	SUM(D3, F6, G9)は D3+F6+G9 を表す.
※セル名記述	売上3月	SUM(売上3月)は ［売上3月］という名のセル範囲の合計.

※セル名記述とは，ある範囲のデータを名付けて管理することである．操作手順は，まずデータ範囲を選択し，次に名前ボックスに範囲名を入力し，最後に[Enter]キーを押す.

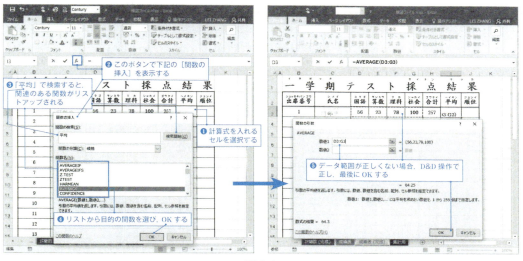

図 5-8

図 5-8 は平均を求める関数の挿入例である．

関数は，図 5-9 のように必ず等号「=」で始まる．次からは関数名，左括弧，引数，引数を区切るガンマ，…，最後に右括弧で閉じるという構成になっている．

複数の引数は，必ずカンマで区切る．図 5-9 の例ではセル参照としてセル番地 A3 から A8 の値，B3 から B8 の値，C3 から C8 の値の 3 つの引数で構成されたセルの平均値を求めている．

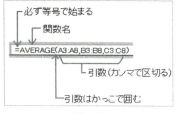

図 5-9

関数は，カンマやコロンなどの演算子のすべてを，半角文字で入力する必要がある．

5-3-3 相対参照と絶対参照

数式の入っているセルをほかのセルにコピーすると，数式内のセル参照はコピー先に合わせて自動的に変換される．これを相対参照と呼ぶ．相対参照を使用すると，計算式の入力を繰り返さずに省くことができる（図 5-10 参照）．計算の内容によって，式を含むセルをコピーしても，常に同じセルを参照する必要のある場合がある．これを絶対参照と呼ぶ．絶対参照をするにはセルの行番号と列番号のいずれか，または両方の前に記号 $ を付ける．

図 5-11 の例ではセル F5 に式を入力しているところであり，相対参照でセル G2 を入力したあと，F4 ファンクションキーを 1 回押すと，セル参照が絶対参照に変わる．さらに F4 を押すと，セルの参照方法は下記のようなサイクルになっている．つまり「相対参照→絶対参照→行だけの絶対参照→列だけの絶対参照→相対参照」という順番である．

$$G2 \to \$G\$2 \to G\$2 \to \$G2 \to G2$$

94　5章　Excel

図 5-10

図 5-11

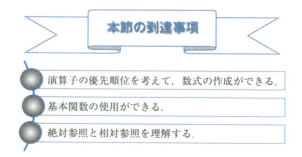

- 演算子の優先順位を考えて，数式の作成ができる．
- 基本関数の使用ができる．
- 絶対参照と相対参照を理解する．

5-4　Excel のグラフ機能編

　Excel のグラフ機能を使って，数字を視覚的に表現することによって，データの変化や割合などをわかりやすく把握することができる．

5-4-1　グラフの種類

　Excel で作成できるグラフの種類と主な用途を表5-5 に示す．

表 5-5

種　類	特徴と用途
縦棒グラフ	大小関係を表す．
折れ線グラフ	変化や推移を時系列で表す．
円グラフ	内訳を表し，構成比を確認する．
横棒グラフ	大小関係を表す．
面グラフ	項目要素を折れ線グラフで表示したうえ，領域を色などで塗りつぶしたグラフ．
散布図グラフ	分布を表す．
株価チャートグラフ	株価の始値，高値，安値，終値をローソク型で表す．
等高線グラフ	3次元で各数値の大きさを表す．
レーダーグラフ	カテゴリごとによる数値を表す．
ツリーマップグラフ	階層構造をもつデータをグラフで表す．
サンバーストグラフ	大分類から小分類へ複数の階層をもつデータをドーナツグラフで表す．
ヒストグラムグラフ	分布を表す．
箱ひげ図グラフ	データのばらつきを表現できるグラフ．
ウォータフォールグラフ	データの増減が示される累計が表示できるグラフ．
組み合わせグラフ	目的や用途に合わせ，2種類のグラフでデータを表現する．

5-4-2　グラフの構成要素

　グラフを構成する各要素を図5-12 に示す．

　Excel のグラフには多くの要素が含まれている．いくつかの要素は既定で表示され，いくつかは必要に応じて追加することができる．また，表示されているグラフ要素をグラフ内でほかの場所に移動したり，サイズを変更したり，形式を変更したりすることができる．表示しないグラフ要素を削除することもできる．

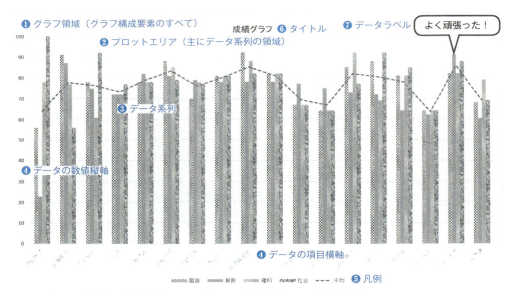

図 5-12

5-4-3 グラフの作成と編集

図 5-13 に示される手順でグラフを作成する．

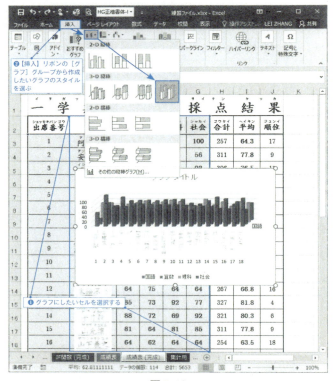

図 5-13

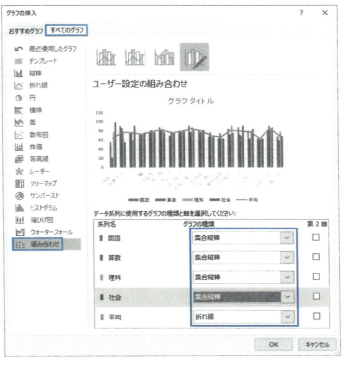

図 5-14

☑　グラフ作成
① グラフで表示するデータ範囲を選択する．
　基本的に同じ種類のデータを選ぶ．
②【挿入】リボンの［グラフ］グループからグラフスタイルを選択する．

練習　組み合わせグラフの作成（図 5-14 参照）
① グラフを作成し，［グラフの挿入］ダイアログボックスで，［すべてのグラフ］タブをクリックし，［組み合わせ］を選択する．
②［データ系列に使用するグラフの種類と軸を選択してください：］において，系列ごとにグラフの種類を選択する．

☑　グラフ編集
　グラフを選択している状態では，［グラフツール］として［デザイン］と［書式］の2つのリボンが新たに表示され，グラフの編集を行う．なお，図 5-15 に示されるようにグラフの右側に表示される3つのボタン ➕, ✏, ▼ を使って，簡単にグラフの編集を行うこともできる．

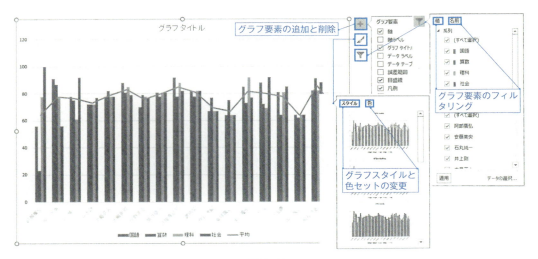

図 5-15

5-4-4　ワークシートの印刷

Excel のワークシートの印刷は Word 文書の印刷と異なり，印刷範囲を前もって決めるなど，事前に行う作業がある．

☑ 印刷手順

① 印刷範囲を選択する．
②【ページレイアウト】リボンの［ページ設定］グループの［印刷範囲］ボタンから［印刷範囲の設定(S)］を選択する．
③ クイックアクセスツールバーの［印刷プレビューと印刷］ボタンをクリックし，印刷プレビューを表示する．
④ 図 5-16 のように調整を行い，最後に［印刷］ボタンを押す．

5-4 Excel のグラフ機能編

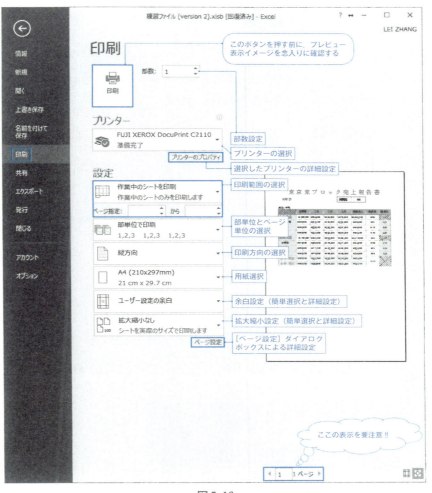

図 5-16

本節の到達事項

- 数式
  - ・演算子を使って，数式作成ができること．
  - ・演算子の優先順位を覚えること．
- 関数
  - ・基本関数の使用ができること．
  - ・条件付き数式の作成ができること．
- グラフ
  - ・グラフ作成・編集ができること．
  - ・組み合わせグラフの作成ができること．
- 印刷
  - ・印刷の手順を理解すること．
  - ・コメント印刷・タイトル付き印刷ができること．

5-5 Excel のテーブル機能編

データ範囲をテーブルに変換すると，そのデータ範囲がワークシート内のほかのデータから独立し，テーブル内のデータだけを管理することができる．テーブルのセルに数式を追加すると，同じ位置づけのほかのセルに数式が自動挿入される．

5-5-1 テーブルの作成

テーブルとは，一連のフィールドから構成されるデータレコードの集合であり，普通のデータ範囲と比べるといくつかの制限がある．

- ☑ テーブルの先頭に列見出し（フィールド名）が必要である．
- ☑ 1つのデータレコードを1行に入力する．
- ☑ テーブルに空白の行と列が含まれない．
- ☑ 1つのリストを複数のワークシートに分散させない．

クイック分析ボタンで作成：図 5-17 のように上記の条件を満たすデータ範囲を選択し，右下に表示されたクイック分析ボタン から設定する（または Ctrl + Q を押す）．

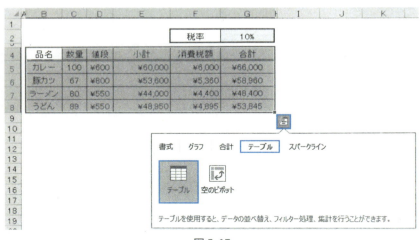

図 5-17

【挿入】リボンで作成：データ範囲を選択し，【挿入】リボンの［テーブル］グループのテーブルボタンをクリックし（または Ctrl + T を使う），表示された［テーブルの作成］ダイアログボックスでデータ範囲を確認し，OK ボタンを押す．

5-5-2 テーブルでの各種操作

テーブルを構成するものは，「見出し」，「データレコード行」，「集計列」，「集計行」である（図 5-18 参照）．

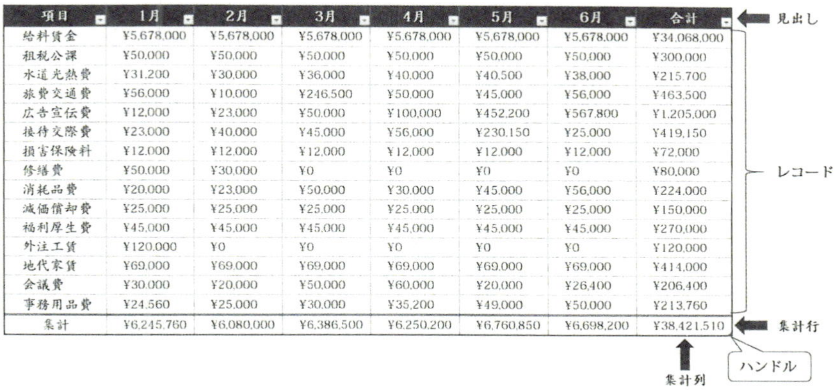

5-5　Excel のテーブル機能編　　101

項目	1月	2月	3月	4月	5月	6月	合計
給料賃金	¥5,678,000	¥5,678,000	¥5,678,000	¥5,678,000	¥5,678,000	¥5,678,000	¥34,068,000
租税公課	¥50,000	¥50,000	¥50,000	¥50,000	¥50,000	¥50,000	¥300,000
水道光熱費	¥31,200	¥30,000	¥36,000	¥40,000	¥40,500	¥38,000	¥215,700
旅費交通費	¥56,000	¥10,000	¥246,500	¥50,000	¥45,000	¥56,000	¥463,500
広告宣伝費	¥12,000	¥23,000	¥50,000	¥100,000	¥452,200	¥567,800	¥1,205,000
接待交際費	¥23,000	¥40,000	¥45,000	¥56,000	¥230,150	¥25,000	¥419,150
損害保険料	¥12,000	¥12,000	¥12,000	¥12,000	¥12,000	¥12,000	¥72,000
修繕費	¥50,000	¥30,000	¥0	¥0	¥0	¥0	¥80,000
消耗品費	¥20,000	¥23,000	¥50,000	¥30,000	¥45,000	¥56,000	¥224,000
減価償却費	¥25,000	¥25,000	¥25,000	¥25,000	¥25,000	¥25,000	¥150,000
福利厚生費	¥45,000	¥45,000	¥45,000	¥45,000	¥45,000	¥45,000	¥270,000
外注工賃	¥120,000	¥0	¥0	¥0	¥0	¥0	¥120,000
地代家賃	¥69,000	¥69,000	¥69,000	¥69,000	¥69,000	¥69,000	¥414,000
会議費	¥30,000	¥20,000	¥50,000	¥60,000	¥20,000	¥26,400	¥206,400
事務用品費	¥24,560	¥25,000	¥30,000	¥35,200	¥49,000	¥25,000	¥213,760
集計	¥6,245,760	¥6,080,000	¥6,386,500	¥6,250,200	¥6,760,850	¥6,698,200	¥38,421,510

← 見出し

レコード

← 集計行

集計列　　ハンドル

図 5-18

テーブルの右下にある［サイズ変更ハンドル］を使って，必要なサイズにテーブルを D&D する.

☑　データの並べ替え

並べ替えたい列のセルをクリックして，【データ】リボンの［並べ替えとフィルター］グループの▲か▼ボタンで昇順か降順に並べ替える（同じコマンドボタンは【ホーム】リボンの［編集］グループにもある）. 並べ替えた後，基準にしたフィールドのフィルターボタンが↓という形になる.

なお，上記との同じ操作で▤ボタンを使うと，複数の項目を基準に並べ替えることができる.

☑　オートフィルターで表示レコードを絞り込む

フィールド見出しの横にあるオートフィルターボタン▼を使って，複数条件によるデータのフィルタリング表示ができる. フィルタリングをかけたフィールドのフィルターボタンが▼という形になる.

より高度なフィルタリングを行う場合は，オートフィルターボタン▼から［ユーザー設定フィルター（F）…］を選んで設定する.

フィルタリング─表示の解除はオートフィルターボタン▼から［すべて選択］チェックボックスにチェックを入れる.

オートフィルター表示の解除は，【データ】リボンの［並べ替えとフィルター］グループの▼コマンドボタンを選択する.

☑　テーブルをデータ範囲に変換し集計

テーブル内のセルを右クリックし，［テーブル（B）］をポイントし［範囲に変換（V）］をクリックし，テーブルをデータの範囲に変換する. 集計基準にする項目で並べ替えたうえで，【データ】リボンの［アウトライン］グループの［小計］コマンドボタン▦をクリックする（図5-19 参照）.

この図例は、「各取引先における"見積額"と"請求額"の小計を行う」ものである：

❶ 基準にするフィールドで並べ替える．
❷ 小計コマンドボタン  をクリックする．
❸ ［集計の設定］ダイアログボックスで各選択を行う．
❹ OK すると，表示が集計スタイルに切り替わる．
❺ アウトライン形式で表示された集計結果を各レベルで表示できる．

図 5-19

集計結果を解除するには，同［集計の設定］ダイアログボックスの［すべて削除(R)］をクリックする．

☑ **テーブルのスタイルを選択する**
  ➤ テーブル内のセル，またはテーブルとして書式設定するセル範囲を選択する．
  ➤ 【ホーム】リボン→［テーブルとして書式設定］ボタンをクリックし，スタイルギャラリーから使用するテーブルスタイルを選択する．

☑ **テーブルの集計列**
  テーブルの先頭行に集計列を作成すると，数式はただちにほかの行まで自動的に拡張される．

☑ **テーブルの集計行**
  テーブル内のセルにポイントを置くと，［テーブルツール・デザイン］リボンが表示される．［集計行］のチェックボックスを選択すると，テーブルの末尾に集計行を表示する．各集計行のセルでドロップダウンリストから関数を使用すると，テーブル内のデータに対して，合計等の各種計算をすばやく行うことができる．

☑ **データのクロス集計**
  クロス集計とは，与えられたデータのうち2つ以上の項目に着目し，表の行方向と列方向とにそれぞれの値を並べ，表の「セル」上に行方向と列方向で指定された項目の値に一致するものが何件あるのかを集計するものである．ピボットテーブル機能を用いれば，1つ以上の項目を縦軸に，別の1つ以上の項目を横軸に置いて表を作成して集計を行うことができる（図 5-20 参照）．

5-5 Excelのテーブル機能編　　103

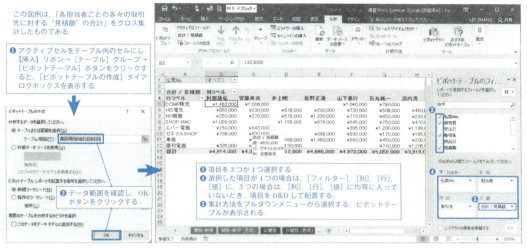

図 5-20

※データ形式の設定は，アクティブセルがピボットテーブルセルになっている場合，［ピボットテーブルツール・分析］リボン→［アクティブなフィールド］グループ→［フィールドの設定］ボタンで行う．ピボットグラフも作成することができる．

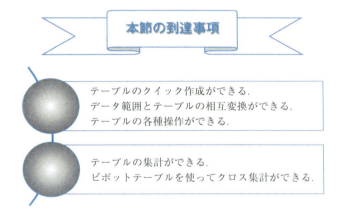

本節の到達事項

- テーブルのクイック作成ができる．
- データ範囲とテーブルの相互変換ができる．
- テーブルの各種操作ができる．

- テーブルの集計ができる．
- ピボットテーブルを使ってクロス集計ができる．

5-6　Excel の分析機能編

本節では，データの入力精度（正しさ）を向上させるようなワークシート作成方法とデータ分析機能について説明する．

5-6-1　データ入力規則の設定

【データ】リボン→［データツール］グループ→［データの入力規則］コマンドによって表示される［データの入力規則］ダイアログボックス（図 5-21）を使うことで，データの入力精度を向上させることができる．

図 5-21

☑　入力できるデータの種類を選択する（［設定］タブ）

選択したセルに対して［設定］タブで，入力できるデータの種類を設定することができる．例えば，図 5-22（左）では 0～100 までの整数しか入力できないように設定している．

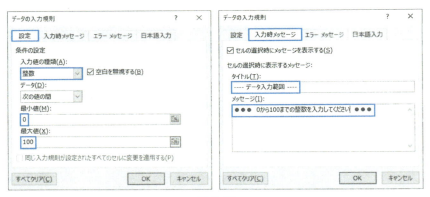

図 5-22

☑　データ入力の際にヒントを出す（［入力時メッセージ］タブ）

選択したセルに対して［入力時メッセージ］タブで，オリジナルヒントメッセージを設定することができる（図 5-22（右））．入力を行う際，ヒントメッセージが表示される．

☑　オリジナルメッセージを作る（［エラーメッセージ］タブ）

選択したセルに対して［エラーメッセージ］タブで，オリジナルエラーメッセージを設定することができる．なお，メッセージのレベルは「情報」，「注意」，「停止」の 3 段階で設定できる．「停止」スタイル❸では，正しいデータが入力されるまでデータを受け付けないのに対し，

「情報」スタイル❶と「注意」スタイル⚠では，ユーザーの判断に委ねる（図 5-23（左）参照）．

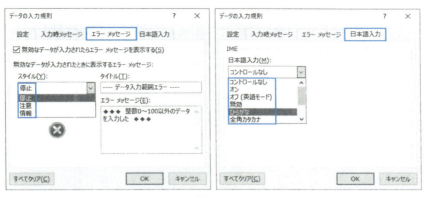

図 5-23

☑ **日本語入力のオン／オフを自動化する**（[日本語入力] タブ）

半角入力と全角入力の切り替えが頻繁に行われる場合，選択したセルに対して [日本語入力] タブで，IME の日本語入力モードを設定すると便利である．通常マウスやキーボードで日本語変換モードの切り替えが行われるが，ここで設定することで自動で切り替えることができる（図 5-23（右）参照）．

5-6-2　セル参照のチェックとエラー分析

セルと数式との対応関係を視覚的に把握するのに【数式】リボンの [ワークシート分析] グループの諸コマンドを使う（図 5-24 参照）．

図 5-24

☑ **セル参照の分析**

図 5-25 では，セル I3 を分析したものである．[参照元のトレース] ボタンをクリックすると，青い枠のセル範囲 D3～G3 から I3 へ青矢印が表示され，平均値は D3～G3 によって計算されたことを示す．[参照先のトレース] ボタンをクリックすると，I3 から J3～J20 へ複数の青矢印が表示され，J3～J20 の順位計算は，それぞれ H3 を参照したことを示唆する．

☑ **エラーの分析**

図 5-26 のように，エラーが発生した際，エラーのセルの左上にあるタグをクリックし，エラーを確認することができる．

106　　5章　Excel

| I3 | | | f_x | =AVERAGE(D3 G3) | | | | | |

出席番号	氏名	国語	算数	理科	社会	合計	平均	順位

一 学 期 テ ス ト 採 点 結 果

出席番号	氏名	国語	算数	理科	社会	合計	平均	順位
1		56	23	78	100	257	84.3	17
2		91	87	77	56	311	77.8	9
3		78	75	61	92	306	76.5	11
4		72	72	72	77	293	73.3	13
5		78	82	78	78	316	79.0	8
6		88	81	85	79	333	83.3	3
7		70	79	78	77	304	76.0	12
8		81	78	81	81	321	80.3	6
9		92	78	88	82	340	85.0	2
10		82	78	82	82	324	81.0	5
11		67	77	67	67	278	69.5	14
12		64	75	64	64	267	66.8	16
13		85	73	92	77	327	81.8	4
14		88	72	69	92	321	80.3	6
15		81	64	81	85	311	77.8	9
16		64	62	64	64	254	63.5	18
17		82	91	82	88	343	85.8	1
18		68	60	79	69	276	69.0	15

図 5-25

月	売上数量	売上金額	単価
1月	2410	¥68,685,000	¥28,500
2月	2250	¥63,000,000	¥28,000
3月			#DIV/0!
4月			
5月			
6月			
7月			
8月			
9月			#DIV/0!
10月			#DIV/0!
11月			#DIV/0!
12月			#DIV/0!

0 除算のエラー
このエラーに関するヘルプ(H)
計算の過程を表示(C)...
エラーを無視する(I)
数式バーで編集(F)
エラー チェック オプション(O)...

図 5-26

　さらにエラーの詳細を分析する場合，【数式】リボン→［ワークシート分析］グループ→
［エラーチェック］ボタンをクリックし，図5-27のようにワンステップずつ計算過程を確認し，
エラーを突き止めるのである．

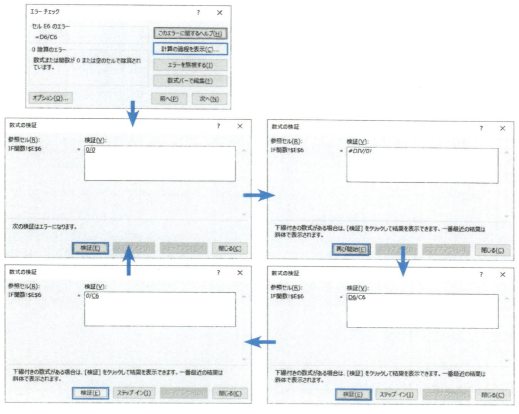

図 5-27

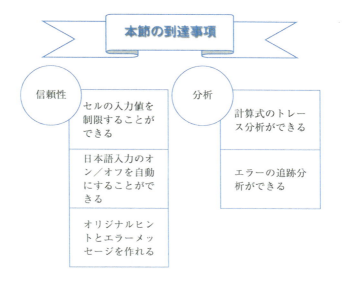

6章

PowerPoint

6-1 PowerPoint の基礎編

　PowerPoint はプレゼンテーションソフトである．プレゼンテーションの下準備から本番での発表までをサポートする様々な機能がある．また，スライドの切り替えやアニメーション機能を活用することによって効果的なプレゼンテーションを行うこともできる．

6-1-1 PowerPoint を知る

　PowerPoint は"伝えたいことを効率的にわかりやすく相手に伝える"ツールである．アイデアを論理の流れに沿って目に見えるように示し，相手を納得させるのである．

図 6-1

6-1-2　PowerPointのインターフェース

PowerPointのインターフェースは，図6-2のようになっている（標準モード）．WordやExcelと同じく，リボンインターフェースになっていて，共通したコマンドが多数ある．

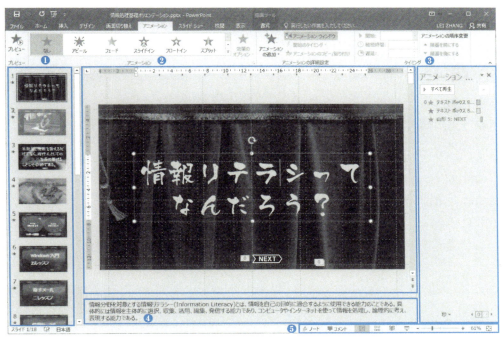

図6-2

❶ スライド一覧（❺の［スライド一覧］ボタンで表示することもできる）
❷ スライドペイン（スライドの編集エリア）
❸ アニメーションウィンドウ（アニメーション設定を行う）
❹ ノートエリア（❺の［ノート］ボタンで表示・非表示の切り替えができる）
❺ 左から［ノート］，［コメント］，［標準モード］，［スライド一覧モード］，［閲覧表示モード］，［スライドショー実行］，［ズームスライダー］，［表示倍率変更］，［スライドペインサイズ調整］ボタンが並んでいる．

標準モードはスライドの挿入，編集を行う主な作業モードである．

6-1-3　スライドの作成

① タイトルの入力

PowerPointを起動すると，既存のテンプレートやテーマの選択画面が表示される．［新しいプレゼンテーション］を選択すると，最初のスライドが現れ，タイトルとサブタイトルの入力用テキストボックスが表示されるので，それらをクリックしてタイトルやサブタイトルを入力する．テキストの編集は，【ホーム】リボンのコマンド群でWordと同じ要領で行う．

② 新しいスライドの追加

【ホーム】リボンの［新しいスライド］ボタンをクリックし，図6-3のテーマ選択一覧から目的のスライドスタイルを選択する．

図 6-3

図 6-4

③ コンテンツの追加

図6-4のようなコンテンツプレースホルダーによる追加は，新しいスライドの該当アイコン（図6-4参照）をクリックし挿入する．挿入用アイコンがない場合は，【挿入】リボンより選択する（図6-5参照）．

図6-5の【挿入】リボンのコマンドボタンはWordとほぼ同じである．各コンテンツの作成の際にもWordと同じような作業が多くなるので，ここでは，「ビデオ」，「サウンド」，「画像」の挿入手順を紹介する．動画と音声を挿入することによって，プレゼンテーションの表現力を高めることができる．

図 6-5

ビデオの挿入

ビデオアイコンをクリックし，［このコンピューター上のビデオ］を選択すると，［ビデオの挿入］ダイアログボックスが出てくる．図6-6は挿入できる動画ファイルのフォーマットである．ほとんどの動画フォーマットをサポートしている．

図 6-6

なお，［オンラインビデオ］を選択すると，YouTube等のインターネット上の動画を引用し，挿入することも可能であるが，動画ごとの使用条件を確認したうえで挿入する必要がある．

■ 音声の挿入

オーディオアイコンをクリックし，［オーディオ録音］と［このコンピューター上のオーディオ］を選択できる．前者の場合，オーディオ録音デバイス（ヘッドホンセット等）が必要である．図 6-7 は挿入できる音声ファイルのタイプである．ほとんどの音声フォーマットが含まれている．

図 6-7

■ 画像の挿入

オンライン画像の挿入を例に説明する．【挿入】リボンの［オンライン画像挿入］をクリックし，表示される［画像の挿入］画面にある検索フィールドに画像のキーワード（図 6-8 では「パソコン」）を入力し検索する．表示された画像一覧より画像を選択し挿入する．

オンライン画像を利用する際には，画像のライセンスについて十分に確認する必要がある．図 6-8 の場合は，クリエイティブコモンズライセンス[1]の画像のみを検索している．クリエイティブコモンズライセンスは，画像の使用条件についての作者の意思表示をするためのものであり，検索結果として表示される画像ごとに，様々な使用条件が設定されている．各画像をクリックし，さらに URL をクリックして，使用条件を確認したうえで挿入する必要がある．

図 6-8

---

1) https://creativecommons.jp/licenses/ に詳細な解説がある．

④ 既存のテンプレートとテーマの利用

ファイルメニューから［新規］を選択し，テンプレート一覧から選択する．

⑤ オンラインテンプレートとテーマの利用

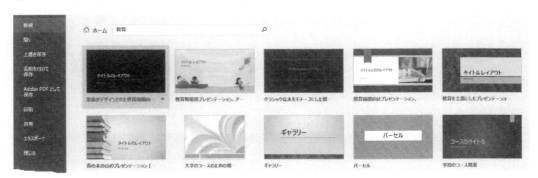

図 6-9

ファイルメニューから［新規］を選択し，［オンラインテンプレートとテーマ］欄にキーワードを入力し検索する．

図 6-9 では，キーワード「教育」で検索して表示されたテンプレートとテーマである．気に入ったものを選択し編集を行う．

6-1-4　スライドの編集

スライドを構成するコンテンツの編集方法は，Word と同じなので，ここではスライドの編集方法を紹介する．

① スライドのデザイン

スライドの背景の色と配色，文字デザインを，テーマを選択することで簡単に設定できる．
【デザイン】リボンの［テーマ］グループよりテーマを選択し適用してから，［バリエーション］グループで［配色］，［フォント］，［効果］，［背景スタイル］を設定する．

② スライドの順序を変える

標準表示モードの場合，左のスライド一覧ペインのサムネイル画像を上下にドラッグし，順序を変えることができる．一覧モードの場合，スライドを D&D し，順序を変える．

③ スライドの削除とコピー

標準表示モードで，スライドを右クリックし，表示されるメニューから［スライドの複製（A）］と［スライドの削除(D)］でそれぞれスライドのコピーと削除ができる．

④ スライドの非表示

　スライドショーに表示しないスライドを，削除せずに非表示にすることができる．③の表示メニューから［非表示スライドに設定(H)］を選択すると，スライド番号上に斜線が表示され，プレゼンテーションで表示されるスライドから外される．

⑤ スライドのサイズ

　【デザイン】リボンの［ユーザー設定］グループより［スライドのサイズ］を設定することができる．基本的に「標準（4：3）」と「ワイド画面（16：9）」の2つであるが，任意サイズの設定も可能である．

⑥ スライドにコメントをつける

　【挿入】リボンの［コメント］ボタンでスライドにコメントを追加することができる．コメントの編集は，画面右の［コメント］作業ウィンドウで行う．

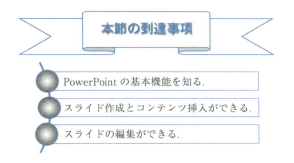

6-2 PowerPoint アニメーション機能編

本節では，アニメーション機能を中心とする各種設定について説明する．

6-2-1 スライドの切り替え効果

図 6-10

❶ スライド一覧からスライドを選択し，【画面切り替え】リボンの［画面切り替え］グループから選択する．

❷ 選択した切り替え効果によって，［効果オプション］を選択する場合がある．

❸ 画面の切り替えをする際のサウンドは，［タイミング］グループの［サウンドなし］プルダウンメニューより選択する．［期間］で切り替えの継続時間を選択する．［すべてに適用］ボタンを使って，すべてのスライドに，切り替えの設定を適用することもできる．

　［画面切り替えのタイミング］設定では，デフォルト設定であるクリックによる手動の切り替えのほか，［自動的に切り替え］という設定もあり，ビデオ制作等でスライドショーの自動再生が必要な場合に使われる．自動切り替えのタイミングの継続時間も設定することができる．

6-2-2 コンテンツのアニメーション設定

スライドを構成するコンテンツのアニメーション効果は 4 種類ある：

開始：設定された動作によってコンテンツが表示される．

終了：設定された動作によってコンテンツが消えていく．

強調：コンテンツを強調する様々な効果．

軌跡：設定された軌跡に沿ってコンテンツが動きだす．

アニメーション設定を行う際，【アニメーション】リボンの［アニメーションの詳細設定］グループの［アニメーションウィンドウ］ボタンをクリックして，アニメーションウィンドウを表示しておくと便利である．

アニメーション設定

　アニメーション設定を行いたいコンテンツを選択し，【アニメーション】リボンの［アニメーション］グループから［開始］，［終了］，［強調］，［アニメーション軌跡］のいずれかを選択する．同じコンテンツに 2 度目以降のアニメーション動作を追加するときは，［アニメーショ

ンの詳細設定］グループの［アニメーションの追加］から選択する．設定されたアニメーション動作がスライド編集ペインで一度プレビューされる．

　コンテンツの左上の角にその動作の順番を示す番号が付けられる．

アニメーションウィンドウ

　4種類の動作を必要に応じ，コンテンツに対して繰り返し設定することによって，複雑な動きを実現することができる．したがって，その動きを記録する［アニメーションウィンドウ］の理解は重要である．アニメーションウィンドウの表示は，【アニメーション】リボン→［アニメーションの詳細設定］グループ→［アニメーションウィンドウ］である．

　図6-11のように，❶エリアはコンテンツの再生順を示すタイミングゾーンである（0番の意味は，前のスライドを再生した直後に自動再生するということである）．❷エリアは，コンテンツの名称であり，名称前のアイコンの形状と色で動作を区別することができる（黄色い星は強調効果，緑の星は開始効果，赤の星は終了効果であり，ほかはアニメーション軌跡効果である）．❸エリアは，時系列の実行順番を示すテープ状のものである．色は❷と同じであり，アニメーション軌跡の場合は青色のテープ状になる．テープ状に縦の線が入る場合，その動作が繰り返されることを意味する．

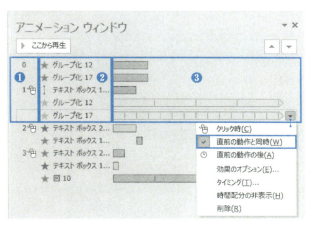

図6-11

　タイミングとしては，［クリック時］，［直前の動作と同時］，［直前の操作の後］が設定できる．より詳細に設定するには，コンテンツのテープをクリックし，表示される矢印アイコンをさらにクリックし，コンテンツの動作［タイミング(T)］を選択する（図6-12参照）．

6-2-3　ナレーションの挿入

　スライドごとナレーションを付けることができる．録音した音声ファイルはスライドごとに貼り付けられ，再生タイミングがスライドの自動切り替えタイミングと一致するようになるので，自動再生スライドショーを作成することができる．

①【スライドショー】リボンの［スライドショーの記録］メニューから［先頭から録音を開始

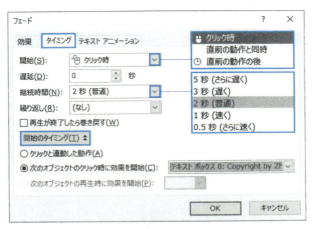

図 6-12

(S)] を選択する．図 6-13 のように［記録の開始(R)］ボタンを押す．記録できるのは，スライドとアニメーションのタイミング，およびナレーションとレーザーポインターの軌跡である．

② アニメーションのタイミングに合わせてスライドを切り替えて行く．プレゼンテーションのナレーションとレーザ

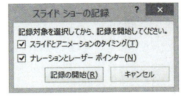

図 6-13

ーポインターの軌跡も記録される．プレゼンテーションを終えると，各スライドの右下角にスピーカのマークが表示され，ナレーション付きのスライドショーが完成される．

6-2-4 スライドショーファイルの作成

PowerPoint のない環境でも実行できるスライドファイルを作るには，［ファイル］メニューボタン→［名前を付けて保存］の際，スライドショー形式「ppsx」でファイルを保存する．

スライドショーファイルを実行すると，ただちにスライドショーが開始する．なお，スライドショーファイルは編集することができない．

6-2-5 スライドの印刷

［ファイル］メニューボタン→［印刷］順に選択すると図 6-14 に示す印刷画面が表示される．［印刷範囲］と［印刷レイアウト］を選択し，印刷ボタンをクリックする．

6-2 PowerPoint アニメーション機能編　　117

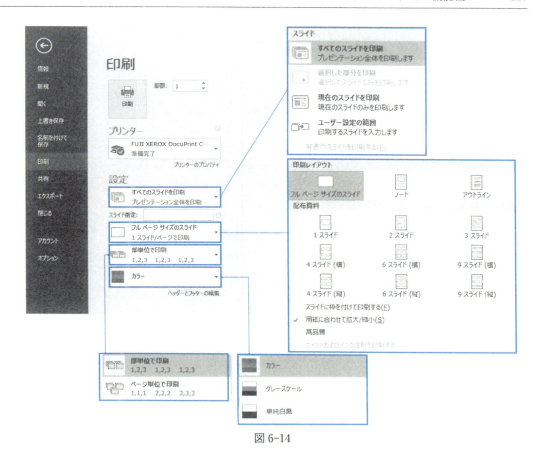

図 6-14

本節の到達事項

● コンテンツのアニメーション設定ができる．
● 発表時間をきっちり把握できる．
● プレゼンテーション資料の印刷ができる．

6-3 PowerPoint スライドショー編

本節はスライドショー実行のテクニックについて説明する．

6-3-1 プレゼンテーションのリハーサル

本番発表の前に，リハーサルを繰り返すことによって，各々のスライドの説明に割く時間を把握することができる．記録されたタイミングを使って，あらかじめ決めておいた時間でプレゼンテーションを行うこともできる．なお，タイミングを用いてスライドショーの自動再生もできる．

① 【スライドショー】リボン→［設定］グループ→［リハーサル］ボタンをクリックすると，［記録中］のダイアログボックスが表示され，スライドショーが始まる．

② リハーサルが終わったら，図 6-15 のようなメッセージが表示されるので，タイミングを保存することができる．

図 6-15

各スライドに説明の所要時間が記録され，次回のスライドショー実行時にはこのタイミングを使うことになる．

スライド一覧表示で図 6-16 のように各スライドの説明にかかった時間がわかる．

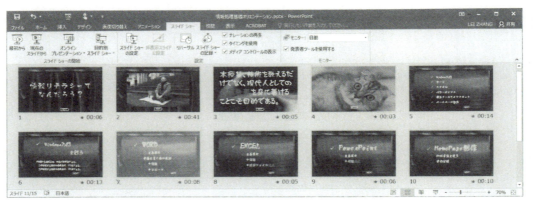

図 6-16

6-3-2 スライドショーの実行

☑ スライドショーの実行方法

F5 キーを押すか，【スライドショー】リボン→［スライドショーの開始］グループ→［最初から］コマンドボタンをクリックする．

スライドの途中から開始する場合，ショートカットコマンド Shift + F5 か，【スライドショー】リボン→［スライドショーの開始］グループ→［現在のスライドから］コマンドボタンをクリックする．

☑ **スライドの切り替え**

Enter キーを押すかクリックする．

☑ **スライドショーの中止**

Esc キーを押すか，右クリックし，[スライドショーの終了(E)]を選ぶ．

☑ **スライドの自動実行**

【スライドショー】リボン→［設定］グループ→［スライドショーの設定］ボタンをクリックし，図6-17のように設定する（ただし，リハーサル機能を使ってタイミングを事前に保存しておく必要がある）．

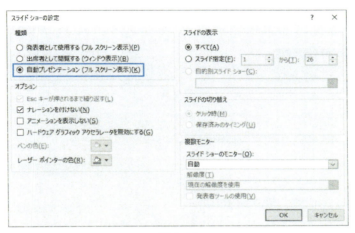

図 6-17

この設定によって，スライドショーはEscキーが押されるまで繰り返される．

ナレーションとアニメーションに関する設定や，同じプレゼンテーションファイルに対して目的別のスライドショーを実行する設定等もこのダイアログボックスで行う．

6-3-3　目的別のスライドショー作成

1つのプレゼンテーションファイルから目的に応じてスライドを選んで，異なるスライドショーを別々に作成することができる．

【スライドショー】リボン→［スライドショーの開始］グループ→［目的別スライドショー］ボタンをクリックし，作成する（図6-18参照）．作成した目的別スライドショーを同じ操作で選択し，実行できる．

6-3-4　プレゼンテーション時に利用するツール

☑ **レーザーペンの使用と書き込み**

スライド実行中に画面左下隅に図6-19下の6つのアイコンが配置してある．図6-19のよう

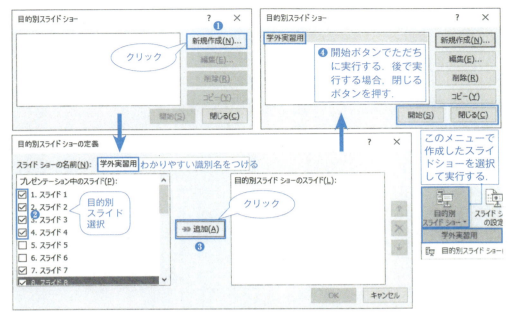

図 6-18

に3番目のアイコンからは［レーザーポインター］，［ペン］，［蛍光ペン］等を選択でき，画面に直接書き込むことができる．

☑ **スライドショー中に白，黒の画面の挿入**

視聴者の目線をスクリーンから発表者に集中させたい場合，スライドショー実行中に，BかWキーを押し，いったん黒・白の画面を挿入する．任意キーを押せば，黒・白の画面が解除される．

図 6-19

☑ **スライドショーを発表者ビューに切り替える**

図 6-20 のように左から6番目のアイコンをクリックし，［発表者ビューを表示］を選択する．

発表者ビューでは，視聴者画面と異なり，発表者しか見ることができないノートペインが表示される．

左から4番目のアイコンはスライド一覧を表示するもので，一番左とその右のアイコンは，スライドショーを［戻る］，［進む］ためのボタンであり，左から5番目のアイコンは，画面を拡大するものである．

図 6-20

6-3-5　スライドのマスターの編集

【表示】リボンの［マスター表示］グループに［スライドマスター］，［配布資料マスター］，［ノートマスター］の3つの設定ボタンがある（図6-21参照）．

図 6-21

マスターを編集することによって，見栄えのよいプレゼンテーションをすばやく作成することができる．マスターに設定したコンテンツは，すべてのスライドに適用・表示することができる．

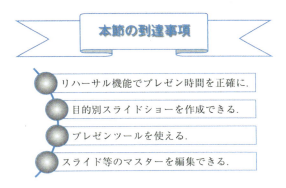

7 章 ■

インターネット

7-1 インターネットの活用❶

7-1-1 インターネットでできること

インターネットを利用することで，情報を収集・入手し，交換・発信することが簡単にできる．また，近年では，インターネット上で，情報の分析や加工もできるようになっている.

情報探し	情報発信	コミュニケーション	音楽と動画	娯楽・買い物
・検索エンジン	・ホームページ ・SNSツール	・メール ・チャット ・TV会議	・音楽配信 ・ネット中継 ・動画鑑賞	・ゲーム ・ショッピング

図 7-1

インターネットで，ありとあらゆる情報を検索したり，SNS等で交流の幅を広げたり，日常生活のネットショッピングやお店やホテルの予約，様々な各種手続きを済ませたり，エンターテイメントを楽しんだりすることができる.

インターネットを利用するには

- インターネットにアクセスできる情報機器（パソコン，モバイル端末，スマートフォン等）
- Web サイトを閲覧するブラウザソフト（Internet Explorer や Chrome 等）
- Web サイトの URL（ホームページアドレスのこと）

が必要である.

7-1-2 インターネットの仕組み

複数の情報機器を有線または無線方式でつなぎ，情報交換のできる仕組みをネットワークと呼ぶ．すべてのネットワークをルータと呼ばれる通信機器で接続し，インターネットサービスプロバイダと呼ばれる通信事業者を通じて，相互に連結したグローバルなネットワークがインターネットである.

7-1 インターネットの活用❶ 123

インターネット上にある情報機器は，情報の処理の方法によって2種類に分けることができる．情報・情報処理サービスをほかの情報機器に提供するサーバと，情報・情報処理サービスを利用するクライアントである．例えば，我々が日常使っているパソコンやモバイル端末はクライアントで，メールのやりとりやWeb検索を行うとメールサーバやWebサーバにアクセスすることになる．

異なる情報機器がお互いに通信できるように，TCP/IPという標準プロトコルが使われている．プロトコルとは約束事であり，情報機器がやりとりを行う際，使われる共通言語のようなものである．インターネットに接続しているすべての情報機器には，IPアドレスと呼ばれるインターネット世界における住所が割り振られている．IPアドレスは，下記のように4組の数字で表記される．グローバルなネットワーク上では，IPアドレスはそれぞれ固有のもの（重複することがない）が割り当てられ，IPアドレスさえわかれば，グローバルなネットワークに接続された，全世界にある情報機器の中から特定の情報機器にたどり着くことができる．

IPアドレスの例：**60.43.158.219**

IPアドレスは，コンピューター処理には適しているが，人間にとっては扱いにくいので，IPアドレスの代わりにドメイン名表記を用いることが一般的である．

ドメインの例：**www.xxx-u.ac.jp**

ドメイン名とIPアドレスの対応関係がわからなければ，ドメイン名だけで情報端末にたどり着くことはできないので，これらの対応関係を整理し，相互に変換する情報機器をDNSサーバと呼ぶ．インターネットに関連する上記の各設定情報を確認するには，［⊞］+［X］+［C］でコマンドプロンプトを起動し，「ipconfig/all」コマンドを実行する．

7-1-3 Webページの仕組み

Webページとは，インターネット上に公開されている文書や画像などのことを指し，情報端末からWebブラウザを通して閲覧できるものである．WebページはWebサーバに保存されており，利用者は，クライアントである情報端末からWebブラウザにWebページのURLを入力し閲覧する．URLは下記のように構成される．

http://www.xxx-u.ac.jp/users/zhanglei/index.html

「http（Hyper Text Transfer Protocol）」は，ホームページを閲覧するために必要なHTTPというプロトコルを用いることを表す．「www.xxx-u.ac.jp」はWebサーバをドメインの形で指定するものである．「/users/zhanglei/index.html」はWebサーバの中に保存されているWebページの場所を表す．なお，HTTPによる通信を暗号化することで，より通信の安全性を高めるHTTPS（Hyper Text Transfer Protocol Secure）というプロトコルが用いられるこ

ともある.

　拡張子の「.htm」,「.html」は Web ページが主に HTML 形式で記述されていることを表す. HTML ファイルは,文字情報を記述できる一方,画像・動画・音声というマルチメディア情報を記述することもできる.

　Web ページの閲覧は,ハイパーリンクと呼ばれる仕組みによって簡単に行うことができる. Web ページ中のテキスト・画像などに URL 情報を埋め込み,そのテキスト・画像などをクリックしたら,別の Web ページにジャンプすることができる.

　Word・Excel・PowerPoint 等の［ハイパーリンク挿入］機能は,本質的に Web ページのハイパーリンクと同じ仕組みである.なお,［名前を付けて保存］を行う際,［ファイルの種類］を拡張子の「.htm」,「.html」等に指定することによって,HTML 形式の Web ページのファイルとして保存することができる.

7-1-4　Internet Explorer の画面構成

　Web ページにアクセスする際,Web ブラウザが必要である.ここで代表的な Web ブラウザ,Internet Explorer（IE）を説明する.図 7-2 は,IE のインターフェースである.各部分の説明は下記のとおりである.

図 7-2

❶［戻る］と［進む］ボタン（直前と直後に表示していたページへ移動）
❷［アドレスバー］（表示中の Web ページの URL や検索キーワードを入力）

❸ ［検索］ボタン

❹ ［更新］ボタン（＝ファンクションキー F5 ）

❺ ［タブ］（表示中の Web ページのタイトル表示と切り替え）

❻ ［新しいタブ］を表示させるボタン

❼ 左から ［ホーム］，［お気に入り］，［ツール］，［ユーザ意見］ボタン

❽ メニューバー

❾ コマンドバー

❿ ［拡大レベルの変更］メニュー

⓫ ステータスバー

　初期状態では ［メニューバー］，［コマンドバー］，［お気に入りバー］，［ステータスバー］が非表示になっている．IE の上端あたりを右クリックして表示したいツールバーを選択し表示させる．

7-1-5　Internet Explorer の使い方

■　基本的な使い方

　アドレスバーに URL を入力し，Enter キーを押す．閲覧したページの前後のページを表示するには，アドレスバー左側の ［進む（右矢印）］と ［戻る（左矢印）］ボタンを使う．URL の代わりに検索キーワードを入力すると Web 検索を行う．

■　［タブ］機能を利用した複数 Web ページの同時閲覧

　［新しいタブ］作成ボタンをクリックする（ Ctrl + T も使える）．タブタイトルの横にある×ボタンをクリックする（ Ctrl + W も使える）と閉じる．タブタイトルを左右へ D&D すると，タブの順序を変えることができる．

■　［ホーム］ボタン（ Alt + Home ）の使用

　［ホーム］ボタンを押すと，IE 起動時に表示されるように設定した Web ページが表示される．どの Web ページを表示するかの設定は，コマンドバーの ［ホーム］ボタンから行うことができる（ Alt + M ）．［ホーム］ボタンを右クリックし ［ホームページの追加と変更(C)］を選んで，表示されたダイアログボックスで ［この Web ページをホームページのタブに追加する(A)］ラジオボタンを選択する．

　もうひとつの方法があり，コマンドバーの ［ツール(O)］メニューから ［インターネットオプション(O)］を選択し，表示されたダイアログボックスの ［全般］設定タブで，［現在のページを使用(C)］をクリックすればよい．

■　［拡大レベルの変更］メニューの使用

　このメニューを使って，画面の拡大と縮小を行う．ショートカットコマンド Ctrl + + （拡

大）と $\boxed{\text{Ctrl}}$ + $\boxed{-}$ （縮小）でも拡大・縮小ができる.

■ お気に入りの使用

よくアクセスするページを［お気に入り］（ブックマークと呼ばれることもある）に登録することができる.［お気に入りバー］に登録する場合,［お気に入りバー］の左端にある［お気に入りに追加］アイコンをクリックする.

なお, メニューバーの［お気に入り(A)］メニューから［お気に入りに追加(A)］を選択し, 名前と追加先を決め,［追加(A)］ボタンを押す.

登録した［お気に入り］が多くなると, フォルダーによる整理が必要となってくる. メニューバーの［お気に入り(A)］メニューから［お気に入りの整理(O)］を選択し, 表示されたダイアログボックスにて, フォルダーの作成, 名前変更, 削除, 移動を行い, 整理する.

■ 履歴の閲覧と管理

［お気に入り］ボタンをクリックすると, 過去に表示したことのある Web ページの履歴の一覧を表示でき, 過去の履歴からアクセスしたいページを選択することもできる. コマンドバーの［ツール(O)］メニューから［インターネットオプション(O)］を選択すると, ダイアログボックスが表示され, 履歴の保管日数や削除を行うことができる.

■ Web ページの保存

オフライン環境で Web ページを読んだり, 資料として Web ページを残したりする場合, ショートカットコマンド $\boxed{\text{Ctrl}}$ + $\boxed{\text{S}}$ で［Web ページの保存］ダイアログボックスを表示させ, 必要に応じてファイルの種類を選択して保存することができる.

■ エンコードとソース表示

メニューバーの［表示(V)］メニューから［エンコード(D)］や［ソース(C)］等を選択できる. 文字化けが起きた際, エンコードを変えながら確認したり, Web ページのソース（文字表示などの様々な設定が書かれた文章）を確認したりすることができる.

■ 重要設定

メニューバーの［ツール(T)］メニューから［インターネットオプション(O)］を選択し, 表示されるダイアログボックスで各種設定を行うことができる. 例えば,［全般］タブの［削除(D)］ボタンをクリックすると［閲覧の履歴の削除］ダイアログボックスが表示され, 個人情報の削除等を行うことができる.［設定(S)］ボタンで表示される［Web サイトデータの設定］ダイアログボックスで, Web ページの閲覧の際に利用される一時ファイルに関する様々な操作を行うことができる.

■ In Private ブラウズモードの使用

　In Private ブラウズモードは，Web ページへのアクセス履歴をクライアントである情報機器上に残さないモードである．Cookie，インターネット一時ファイル，履歴などのデータをパソコン上に残さないだけであり，ネットワークやサーバ側には痕跡が残る．ショートカットコマンド [Ctrl] + [Shift] + [P] を使うか，コマンドバーの [セーフティ(S)] メニューからも選択できる．

　In Private ブラウザのインターフェースは普通の IE とほとんど同じであり，使い方も同じである．インターフェースの特徴は，アドレスバーの左に「In Private」目印があることである．

■ インポートとエクスポート

　よく利用するブラウザを変える際には，ブックマーク等のインポート・エクスポートを行うことが必要である．また，何らかのトラブルへの備えとして，フィードや Cookie を含めたブックマーク等のバックアップを行うことも必要だろう．このような処理は，メニューバーの [ファイル(F)] メニューから [インポート・エクスポート(M)] を選択し，ウィザードに従って行うことができる．

■ Web ページの印刷

　Web ページ印刷前に，コマンドバーのプリンターアイコンをクリックし，[印刷プレビュー(V)] でイメージを確認する必要がある．また，必要に応じて [ページ設定(U)] でページの余白等を調整するとよい．

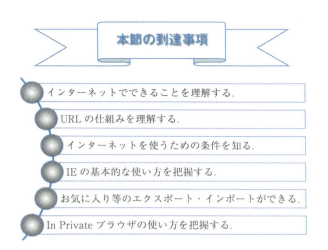

128　　7章　インターネット

7-2　インターネットの活用❷

7-2-1　検索エンジン

　インターネット上にある膨大な数のサイトから目的の情報を見つけることは難しい．それを簡単に行うために「検索エンジン」と呼ばれるインターネットサービスが存在する．検索エンジンには「ディレクトリ型」と「ロボット型」がある．ディレクトリ型は Web ページをカテゴリごとに分類して登録したものであり，階層をたどっていくことで目的のページを見つけることができる．一方ロボット型は，「スパイダー」，「クローラー」等と呼ばれる専用プログラムで自動的に Web 上を巡ってページを収集するものである．ディレクトリ型がサイト単位で登録するものなのに対して，ロボット型は各ページ内のテキストを全文検索し，記述されている単語をキーワードとしてデータベース化する．したがって，ロボット型はヒットしやすい反面，情報量の少ないページもヒットしてしまう欠点がある．

　Google の検索エンジンは独自の「PageRank」と呼ばれる仕組みによって，検索の速度と精度の両面から高い評価を得ている．

　主な検索エンジンを表 7-1 にまとめる．

表 7-1

検索サイト	URL	本社所在地
Google	www.google.co.jp	Google 社（米国）
Yahoo!	www.yahoo.co.jp	ヤフー株式会社（日本）
Bing	www.bing.com	Microsoft 社（米国）
Baidu	www.baidu.jp	バイドゥ株式会社（中国）

7-2-2　Google サービス

　Google サービスをより便利に利用するためには，Google アカウントが必要である．Google アカウントは 2 種類あり，Google ドメインのアカウントと独自ドメインをリダイレクトして使うアカウントである．後者の場合，独自ドメインの所有者は Google 社と契約を交わす必要がある．

　Google アカウント例：xxx@gmail.com
　独自ドメインアカウント例：cho@stu.xxx-u.ac.jp

　Web 検索や Google サービスを利用するには（図 7-3 参照）：

7-2 インターネットの活用❷　　　129

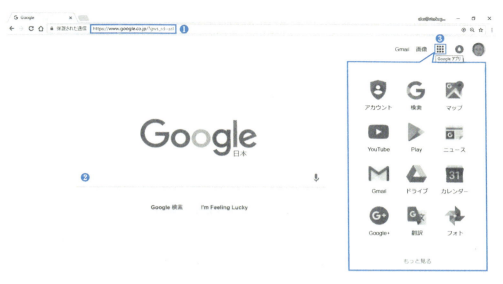

図 7-3

❶ ブラウザアドレス欄に「www.google.co.jp」を入力する．
❷ 検索キーワードを入力し，[Google 検索] をクリックする．
❸ [Google アプリ] アイコンをクリックし，サービスを選ぶ．

7-2-3　Google 検索

　これは，Google の最も基本的なサービスで，Web ページ・画像・動画・ニュース等の検索を行うことができる．

⇒　画像検索：キーワードを入力し，図 7-4 の [画像] ボタンをクリック．

図 7-4

　図 7-4 の [ツール] をクリックし，[サイズ]，[色]，[種類] 等で画像を絞ることができる．画像を使って検索（図 7-5 参照）．

- AND 検索：キーワードの間をスペースで区切る．
- NOT 検索：例外キーワードの前に "-" を付ける．例：ラーメン -伊勢
- OR 検索：キーワードの間を OR で区切る．
- ワイルドカード文字での検索：キーワードの思い出せない部分を * で置き換える．
- 完全一致検索：キーワードやフレーズをダブルクォーテーションで囲む
- ファイル種類指定検索：「filetype: 拡張子　キーワード」
- サイト内検索：「site:URL　キーワード」

図 7-5

- 過去のデータ検索:「info:URL」で［Google に保存されているキャッシュ］をクリックする．
- 天気検索:「weather: 都道府県名」
- 乗換え検索:「"現在地"から"目的地"」
- ページタイトルに含まれる文字列検索:「intitle: キーワード」
- 地図・ニュース・動画の検索：通常検索を行い，図 7-6 のように［地図］，［ニュース］，［動画］ボタンをクリックする．

図 7-6

図 7-6 の［設定］，［ツール］メニューを使って，きめ細かな検索設定を行うことができる．

7-2-4　Google フォト

　Google フォトはオンライン画像管理・編集サービスである．インターネット上に写真等を保存したり，編集したりすることができる．なお，保存した画像は自動分類され，キーワードで検索できる．

　Google トップページのアイコンをクリックし，［フォト］を選択すると，Google フォト画面が表示される（図 7-7 参照）．

❶ 画像検索を行う．
❷ アルバム，アニメーション等を作成する．
❸ 画像をアップロードする．
❹ 画像と動画を D&D で直接アップロードする．
❺ スマートフォン版の Google フォトを使ってスマートフォン写真をバックアップする．

　画像を追加したら，撮影日順で一覧表示され，［アルバム］，［共有アルバム］，［コラージュ］，［アニメーション］を複数枚の画像で作成できる．なお，編集機能を使って，画像にフィルター効果をかけたり，トリミングしたり，傾き・明るさ・色を調整したりすることができる．ス

図 7-7

マートフォン版 Google フォトでは音楽付きのムービーを作成できる．

7-2-5 Google マップ

Google アプリ一覧から［マップ］を選択し，住所やキーワードで検索すると，世界中のあらゆる場所の地図を表示することができる．

図 7-8

下記に主な機能をピックアップする．
- 地図上の［航空写真］ボタンで実際の航空写真地図を表示する．
- 目的地と現在地周辺の施設を調べる．
- 目的地までの経路（徒歩・車・電車），時間，料金を調べる．
- 表示した地図でさらに「公園」，「お店」等のキーワードで検索できる．

- 指定した場所の口コミ情報を見ることができる．
- 「ストリートビュー」機能で画面移動しながら，付近の様子を確認することができる．
- 指定した場所周辺の投稿写真を見ることができる．
- 空港・駅・デパートの構内図を見ることができる．
- 待ち合わせ場所を友人に送ることができる．
- 2点間の距離を測定することができる．
- 自分のマップを作ることができる．

7-2-6　スマートフォンのGoogleサービス利用（参考）

　Googleサービスは，スマートフォン向けのアプリがたくさん用意されている．スマートフォンにインストールしておくと便利である．

練習

① スマートフォンにGoogleアカウントを設定する．
② 表7-2のGoogleサービスをスマートフォンにインストールする．

　スマートフォンで利用できる主なGoogleサービスは表7-2のようなものである．

表7-2

Googleサービス	アイコン
G-mail	
Googleカレンダー	
Googleマップ	
Googleドライブ	
Googleフォト	
Google翻訳	
YouTube	

7-3 インターネットの活用❸（参考）

本節では，インターネットにおける情報の収集，保存，加工等について説明する．

7-3-1 情報収集

検索エンジンを使って，インターネット上で情報収集を行うことができるうえ，効率的に情報を集める方法として，ここでニュースリーダーと機関リポジトリを紹介する．

情報を Web サイトにて頻繁に更新していることを伝えるために，Web コンテンツの見出しや概要などをある書式の文書に加工し，配信するテクノロジーのことをフィード（Feed）発信という．主にブログやニュースサイトで使われ，ユーザーがそのフィードをフィードリーダーなどに登録することで定期的にそのサイトをチェックできるようになり，サイトの更新などをいち早く察知することができる．主なフィードのフォーマットは RSS や Atom である．ここでは，便利なフィードリーダー Inoreader を紹介する．このサービスは Google アカウントで利用可能である．サイト URL は下記を参照のこと．

http://www.inoreader.com

ニュースリーダー Inoreader による情報収集

Welcome 画面（図 7-9）で 3 つ以上の関心領域を選択し，[開始] ボタンをクリックすると，下記のようなインターフェースが表示される．

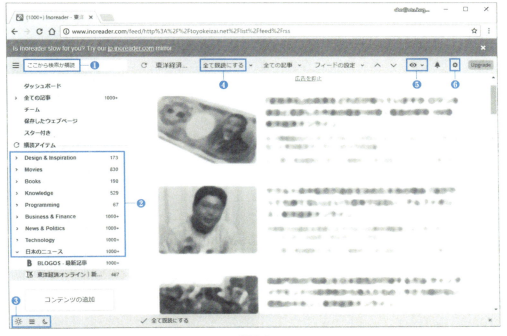

図 7-9

❶ キーワードを入力し，ニュースの検索と購読ができる．
❷ 購読一覧のナビゲーションペインであり，数字は未読数である．
❸ 表示テーマ（タイト・クリア・ダーク）の選択ボタンである．
❹ 表示をコントロールするメニューである．
❺ 表示ビュー（リスト・マガジン等）の変更等を行うメニューである．
❻ 設定・サインアウト等を行うメニューである．

機関リポジトリによるデータ検索

本書の 3-2 節では，データや資料を調べる重要なサイトを紹介したが，ここで学術機関の「機関リポジトリ」を紹介する．機関リポジトリとは，大学や研究所などの研究機関がもつ様々なデータベースやデジタル形式の論文などを，体系的に保管したデータベースであり，キーワード検索などによって，必要な情報にアクセスしやすくしたものである．ここでは，国立情報学研究所が大学に提供している機関リポジトリサービスを説明する．

国立情報学研究所が運営する下記のサイトにアクセスすると，学術機関リポジトリ構築連携支援事業を紹介するページが表示される．

https://www.nii.ac.jp/irp/

［機関リポジトリ一覧］をクリックすると，日本国内の機関リポジトリ一覧が表示される．図 7-10 は「統計数理研究所」のリポジトリである．

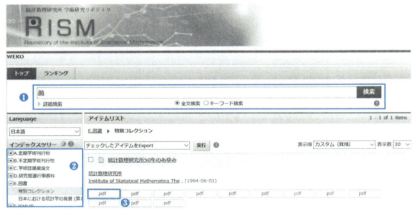

図 7-10

❶ 検索を行う．
❷ インデックスから探す．
❸ 資料をダウンロードする．

機関ごとにリポジトリ画面の構成は異なるが，上記の操作はほぼ同じである．

7-3-2 情報加工・分析

情報加工において，本書では Word・Excel を使って，文章加工・表計算・グラフ作成・デ

ータベース作成等を説明した．ここでインターネットにおける情報加工サービスである「ドキュメント」と「スプレッドシート」を説明する．

Google ドキュメント

　Google ドキュメントは Word ファイルと互換性がある文書作成サービスである．資料作成には基本的な機能をもっている．

　Google トップページの ⊞ アイコンをクリックし，［ドキュメント］を選択すると，Google ドキュメント画面が表示される．［新しいドキュメントを作成］ボタンをクリックすると，図 7-11 のような画面が表示される．

図 7-11

❶ ここをクリックし，ドキュメントにファイル名を付ける．
❷ ファイルメニュー
❸ ツールバー
❹ 文章作成エリア

　Google ドキュメントで作成した文書を Word ファイル・PDF ファイル等の形式でダウンロードすることができる．なお，文書を Web 上に公開したり，共同編集者にメールを送ったりすることもできる．

　Google ドキュメントは，機能的に Word と比べると限定されるものの，直接 Word ファイルを編集でき，パソコンにインストールする必要のない無料オンラインサービスとして，便利である．

Google スプレッドシート

　Google スプレッドシートは Excel ファイルと互換性がある表計算サービスである．表・グラフ作成ができ，関数も利用できる．

　Google トップページの ⊞ アイコンをクリックし，［スプレッドシート］を選択すると，Google スプレッドシート画面が表示される．［新しいスプレッドシートを作成］ボタンをクリックすると，図 7-12 のような画面が表示される．

❶ ここをクリックし，スプレッドシートにファイル名を付ける．
❷ ファイルメニュー
❸ ツールバー
❹ 作業エリア

136　7章　インターネット

図 7-12

❺　シートを操作するツール

　Google スプレッドシートで作成したワークシートを Excel ファイル・PDF ファイル・CSV ファイル等の形式でダウンロードすることができる．なお，ワークシートを Web 上に公開したり，共同編集者にメールを送ったりすることもできる．

　Google スプレッドシートのインポート機能を利用し，既存の Excel ファイルをスプレッドシートファイルとして開くことができる．この機能はパスワード付きの Excel ファイルに対応しておらず，Excel ファイルのパスワードを外す必要がある．

7-3-3　情報保存

Google ドライブ

　Google ドライブは大容量・無料で使用できるオンラインストレージサービスである．スマートフォンと連携すれば，外出先でファイルの閲覧・編集ができる．なお，ほかのユーザーとファイルを共有することができ，Word・Excel・PowerPoint ファイルをオンラインで表示・

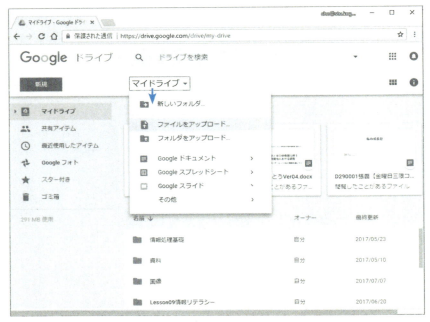

図 7-13

編集することもできる．Google ドライブを利用するには，2つの方法がある．

- ブラウザでの利用：Google アプリ一覧からドライブを選択する．
- ローカルでの利用：Google ドライブを「www.google.com/intl/ja_ALL/drive/download/」よりダウンロードし，パソコンにインストールし，ローカルドライブとして使用できる．

図 7-14

パソコンのローカルドライブ「Google ドライブ」とクラウド上にある「マイドライブ」は常に自動同期によって同じ内容を保つ．

7-3-4　情報発信

情報発信において，本書では PowerPoint を使って，プレゼン資料を作成し，情報分析で得られた成果をプレゼンテーションすることを説明した．ここではインターネット上の情報発信ツール「スライド」を説明する．

Google スライド

Google トップページの ⋮⋮⋮ アイコンをクリックし，［スライド］を選択すると，Google スライド画面が表示される．［新しいスライドを作成］ボタンをクリックすると，図 7-15 のような画面が表示される．

図 7-15

❶ ここをクリックし，スライドにファイル名を付ける．
❷ ファイルメニュー
❸ プレゼンテーション開始ボタン
❹ ツールバー

　Google スライドで作成したプレゼン資料を PowerPoint ファイル・PDF ファイル・画像ファイル等の形式でダウンロードすることができる．なお，Web 上に公開したり，共同編集を行ったりすることもできる．

Google サイト

　HTML 言語による Web ページ制作や Web 制作ソフトを使ってホームページを作るのが一般的であるが，Google サービスの「Google サイト」を用いると，簡単に Web ページを作ることができ，すぐ公開できる．

　Google トップページの ⋮⋮⋮ アイコンをクリックし，［サイト］を選択すると，Google サイト画面が表示される．［作成］ボタンをクリックし，［新しい Google サイトを使用］を選択すると，サイト編集画面が表示される．この画面では，ワープロ感覚で Web ページを作ることができる．Web ページが完成したら，［公開］ボタンをクリックし，インターネット上に自分の Web ページをアップロードする．

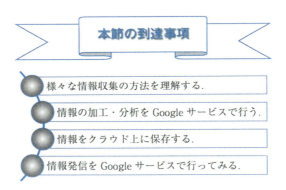

付録1　符号の読み方

アットマーク	@	コンマ	,	シャープ	#
エクスクラメーション	!	チルダ	~	ダラーマーク	$
ダブルクォーテーション	"	ハイフン	-	パーセント	%
シングルクォーテーション	'	アンダバー	_	アンパサンド	&
ピリオド（ドット）	.	コロン	:	円マーク	¥
アスタリスク	*	セミコロン	;	スラッシュ	/

付録2　アイコンと拡張子

アイコン	拡張子	説明	アイコン	拡張子	説明
	txt	テキストファイル		docx doc	Wordファイル
	xlsx xls	Excelファイル		pptx ppt	PowerPoint ファイル
	xlsm	マクロ付き Excelファイル		mp3, mid wma, wav	音声ファイル
	mp4 avi mov mpg	動画ファイル		htm, html mht	HTMLファイル
	scr	スクリーン セーバーファイル		ttc, ttf	フォント ファイル
	zip	圧縮ファイル		msc	システム 管理ツール
	com exe	実行ファイル		png, jpg gif, bmp	画像ファイル

付録3　よく使われる単位

	各　種　単　位
データの単位	ビット（bit）とバイト（Byte）　1 B＝8 b
CPUの速度	メガヘルツ（MHz）　ギガヘルツ（GHz）
メモリの速度	ナノセカンド（1 ns＝10^{-9}秒）
長さ	インチ（1 inch＝25.4 mm）
印刷速度	PPM（Pages per Minute）　CPS（Characters per Second）
画像解像度	ドット密度（dpi: dots per inch）
通信速度	bps（bits per second）
文字のサイズ	ポイント（1 Pt ≒ 0.35 mm）

コンピューター内部では，すべての情報を 10011001 というような二進数の形で表現する．二進数の1桁を記録する記憶容量を1ビット（bit）といい，この最小のデータ単位を8個1組として1バイト（Byte）と定義し，データの基本単位とする．大きい単位は下記のように定義される．

1 キロバイト（KB）＝1024 バイト（Byte）＝2^{10} バイト

1 メガバイト（MB）＝1024 キロバイト（Kilobyte）＝2^{20} バイト

1 ギガバイト（GB）＝1024 メガバイト（Megabyte）＝2^{30} バイト

1 テラバイト（TB）＝1024 ギガバイト（Gigabyte）＝2^{40} バイト

1 ペタバイト（PB）＝1024 テラバイト（Terabyte）＝2^{50} バイト

1 エクサバイト（EB）＝1024 ペタバイト（Petabyte）＝2^{60} バイト

付録4　ショートカットコマンド

キー操作	キー操作による結果
Ctrl + Z	元に戻す
Ctrl + X	切り取り
Ctrl + C	コピー
Ctrl + V	貼り付け
Ctrl + A	すべて選択
Ctrl + S	上書き保存
Ctrl + N	新規作成
Ctrl + O	開く
Ctrl + P	印刷
Shift + Delete	ゴミ箱に入れずに削除する
Shift + Tab	カーソルを前に移動する
Alt + Tab	ほかのウィンドウに切り替える
Alt + Enter	プロパティを表示する
Alt + F4	アクティブウィンドウを閉じる
⊞ + A	アクションセンターを開く
⊞ + I	「設定」画面を開く
⊞ + K	「接続」パネルを開く
⊞ + L	パソコンをロックする
⊞ + P	マルチスクリーン選択パネルを開く
⊞ + R	「ファイル名を指定して実行」を表示する
⊞ + S	検索機能を利用する
⊞ + Enter	ナレーションの起動・終了

付録　　141

⊞ + Ctrl + →	次の仮想デスクトップに切り替える
⊞ + Ctrl + ←	前の仮想デスクトップに切り替える
F1	ヘルプ
F2	エクスプローラで選択したファイルの名前を変更する
F3	エクスプローラで検索ツールタブを表示する
F5	ウィンドウの内容を最新状態に更新
F6	日本語変換時のひらがな変換
F7	日本語変換時の全角カタカナ変換
F8	日本語変換時の半角変換
F9	日本語変換時の全角英数変換
F10	日本語変換時の半角英数変換

付録5　Chrome のショートカットコマンド

操　　作	ショートカット
新しいタブを開いてそのタブに移動する	Ctrl + T
ブックマークバーの表示と非表示を切り替える	Ctrl + Shift + B
ブックマークマネージャを開く	Ctrl + Shift + O
履歴ページを新しいタブで開く	Ctrl + H
ダウンロードページを新しいタブで開く	Ctrl + J
Chrome タスクマネージャを開く	Shift + Esc
ホームページを現在のタブで開く	Alt + Home
新しいウィンドウを開く	Ctrl + N
現在のタブを閉じる	Ctrl + W または Ctrl + F4
Google Chrome を終了する	Ctrl + Shift + Q
デベロッパーツールを開く	Ctrl + Shift + J または F12
［閲覧履歴データを消去する］オプションを開く	Ctrl + Shift + Delete
フィードバックフォームを開く	Alt + Shift + I

付録6　ページ設定ダイアログボックス

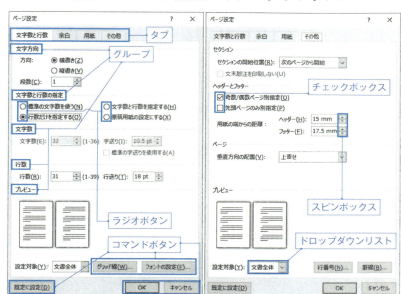

付録7　Wordでよく使うショートカットキー

キー	説明	キー	説明
Ctrl + B	太文字の設定/解除	Ctrl + R	段落を右揃えに
Ctrl + I	斜体の設定/解除	Ctrl + E	段落を中央揃えに
Ctrl + U	下線の設定/解除	Ctrl + Enter	改ページの挿入
Ctrl + W	文章を閉じる	Ctrl + 1	行間を1行に
Ctrl +]	文字を大きくする	Ctrl + 5	行間を1.5行に
Ctrl + [	文字を小さくする	Ctrl + 2	行間を2行に
Ctrl + L	段落を左揃えに	Ctrl + K	ハイパーリンク挿入

付録8　Excelのショートカットコマンド①

キー	説明
Ctrl + 1	［セルの書式設定］ダイアログボックス表示
Ctrl + D	下方向にコピー（フィル）
Ctrl + R	右方向へコピー（フィル）
Ctrl + Page Up	1つ前のシートを表示
Ctrl + Page Down	1つ後のシートを表示
Ctrl + ↑↓←→	セルの行や列などの端までジャンプする
Alt + Enter	セル内で改行・直前の作業の繰り返し

付録 9　Excel のショートカットコマンド②

キー操作	操作結果
Esc	確定していない値を入力中に削除する
Enter	セルの入力を確定し，下のセルに移動する
Tab	セルの入力を確定し，右のセルに移動する
Home	カーソルが行の先頭・セル内の行頭に移動する
F2	アクティブセルを編集する
F9	選択したフィールドを更新する
F10	メニューバーをアクティブにする
F12	Excel ブックに名前を付けて保存する
Alt + Page Up	1 画面左にスクロール移動する
Alt + Page Down	画面右にスクロール移動する

付録 10　Excel のエラーメッセージ

セル表示	エラーの原因	セル表示	エラーの原因
####	セル幅より入力値が長いなど	#N/A	関数や数式に使えない値
#VALUE!	関数引数や範囲のエラー	#REF!	参照先のセルがない
#DIV/0!	割り算で除数はゼロか空白	#NUM	関数の引数が数値でない
#NAME?	関数名のエラーなど	#NULL!	2 つのセル範囲に共通部分がない

付録 11　Excel のショートカットコマンド③

キー操作	操作結果
Ctrl + Shift + Home	選択範囲をワークシートの先頭のセルまで拡張する
Ctrl + Shift + End	選択範囲をデータのある右下端のセルまで拡張する
Ctrl + Shift + ↑ ↓ ← →	選択セルと同じ行や列にある，データのあるセルまで選択範囲を拡張する
Ctrl + Shift + [	選択範囲のうち，数式によって直接的または間接的に参照されているセルをすべて選択する
Ctrl + Shift + ^	「標準」表示形式に設定
Ctrl + Shift + $	「通貨」表示形式に設定
Ctrl + Shift + %	「パーセンテージ」表示形式に設定
Ctrl + Shift + #	「日付」表示形式に設定
Ctrl + Shift + !	桁区切りの表示形式に設定
Ctrl + Shift + &	外枠の罫線を設定

Ctrl + :	現在の時刻を入力する
Ctrl + ;	今日の日付を入力する
Ctrl + [	直接参照されているセルをすべて選択する
Ctrl + ↑ ↓ ← →	表・テーブルの行や列の端までジャンプする
Ctrl + 0	列を非表示にする
Ctrl + 5	取り消し線の設定と解除を切り替える
Ctrl + 6	オブジェクトの表示，非表示を切り替える
Ctrl + 9	行を非表示にする
Ctrl + A	すべてのセルを選択する
Ctrl + C	選択されたセルのコピー
Ctrl + Space	列を選択する

付録 12　IE でよく使うショートカットコマンド

キー	説明
Ctrl + D	お気に入りに追加する
Ctrl + W	タブを閉じる
Alt + Home	ホームページに移動する
Ctrl + Shift + Del	閲覧履歴を削除する
Ctrl + H	閲覧履歴を開く
Ctrl + T	新しいタブを開く
Ctrl + Tab	タブを切り替える

索 引

数字・アルファベット

2 バイト文字	18
ANSI	18
BCC（Blind Carbon Copy）	29
CC（Carbon Copy）	29
Cortana	4, 24
CPU	1
http	123
HTTPS	123
IME	16
IP アドレス	123
PageRank	128
QWERTY（クウォーティー）	6
SmartArt	63
SNS	44
TCP/IP	123
Unicode	18
Web メール	29

ア

アーカイブ	31
アウトラインビュー	55
アカウント	4
アクションセンター	4
アクティブセル	83
アニメーション	108
アプリケーションソフト	2
アンインストール	8
移動ハンドル	64
インデント	58
インデントマーカー	59
引用文献	68
エクスプローラ	11
エッジ	2
演算装置	1
オートコレクト	73
オートサム	92
オートフォーマット	73
お気に入り	126

カ

カーソル	10, 51
箇条書き	58

仮想デスクトップ	4, 25
記憶装置	1
機種依存文字	45
脚注	68
行番号	83
クイックアクセスメニュー	3
クライアント	123
クリエイティブコモンズライセンス	111
クリック	2
グリッド線	65
グループ	142
グループ文書	80
クロス集計	102
検索エンジン	128
検索ボックス	4
コマンドボタン	142

サ

サーバ	123
再起動	3
索引作成	71
参考文献	68
シート	83
シート見出し	83
システムソフト	2
シャットダウン	3
ジャンプリスト	12
主記憶装置	1
出力装置	1
肖像権	42
ショートカット	22
数式バー	83
スタートボタン	3
スタートメニュー	4
スピンボックス	142
スライド	2, 108
スリープ	3
スワイプ	2
制御装置	1
絶対参照	93
相互参照	70
相対参照	93
ソフトウェア	1

タ

ターン	2
ダイアログボックス	50
タスクバー	4
タスクビューボタン	4
タップ	2
タブ	142
ダブルクリック	2
段落	57
段落番号	58
チェーンメール	45
チェックボックス	142
知的財産権	41
直接引用	68
著作権	42
通知領域	4
テーブル	100
デスクトップ画面	3
電源ボタン	3
ドライブレター	14
ドラッグ	2
ドラッグ＆ドロップ	2
ドロップダウンリスト	142

ナ

名前ボックス	83
入力装置	1
ネットワークエチケット	45

ハ

ハードウェア	1
ハイパーリンク	76
パス	15
パブリシティ権	42
パブリックドメイン	42
ピボットテーブル	102
剽窃	68
ピンチとストレッチ	2
ピン留め	4
ファイルシステム	11
フィッシング詐欺	43
フィルハンドル	84
ブックマーク	76, 126
プライバシー権	42
プリントスクリーン	7
プレス＆ホールド	2
プレゼンテーション	108
ポインター	10
ホームポジション	6
補助記憶装置	1

マ

目次作成	70

ラ

ラジオボタン	142
リボンインターフェース	15
列番号	83

ワ

ワイルドカード文字	14

Memorandum

Memorandum

【著者略歴】

張　磊（Zhang Lei）（ちょう らい）
1964 年　中国，青島市生まれ
1995 年　名古屋工業大学大学院工学研究科電気情報工学専攻博士課程修了
　　　　（工学博士）
　　　　皇學館大学文学部教授（現職）

桐村　喬（きりむら たかし）
1982 年　大阪府生まれ
　　　　立命館大学大学院文学研究科博士課程後期課程修了
　　　　（博士（文学））
　　　　東京大学空間情報科学研究センター助教を経て
　　　　皇學館大学文学部助教（現職）
　　　　『GIS を使った主題図作成講座』（共著，古今書院，2015）他
　　　　執筆担当：3-2 節

大学生のための情報リテラシー
Information Literacy for College Students

2018 年 2 月 25 日　初版 1 刷発行
2024 年 5 月 1 日　初版 6 刷発行

著　者　張　磊　　　Ⓒ 2018
　　　　桐村　喬
発行者　南條光章
発行所　共立出版株式会社
　　　　〒112-0006
　　　　東京都文京区小日向 4-6-19
　　　　電話　（03）3947-2511（代表）
　　　　振替口座　00110-2-57035
　　　　URL　www.kyoritsu-pub.co.jp

印　刷
製　本　真興社

検印廃止
NDC 007.6

一般社団法人
自然科学書協会
会員

ISBN 978-4-320-12428-8　　Printed in Japan

JCOPY ＜出版者著作権管理機構委託出版物＞
本書の無断複製は著作権法上での例外を除き禁じられています．複製される場合は，そのつど事前に，出版者著作権管理機構（TEL：03-5244-5088，FAX：03-5244-5089，e-mail：info@jcopy.or.jp）の許諾を得てください．

編集委員：白鳥則郎(編集委員長)・水野忠則・高橋　修・岡田謙一

未来へつなぐデジタルシリーズ

❶インターネットビジネス概論 第2版
　片岡信弘・工藤　司他著‥‥‥‥208頁・定価2970円

❷情報セキュリティの基礎
　佐々木良一監修／手塚　悟編著‥244頁・定価3080円

❸情報ネットワーク
　白鳥則郎監修／宇田隆哉他著‥‥208頁・定価2860円

❹品質・信頼性技術
　松本平八・松本雅俊他著‥‥‥‥216頁・定価3080円

❺オートマトン・言語理論入門
　大川　知・広瀬貞樹他著‥‥‥‥176頁・定価2640円

❻プロジェクトマネジメント
　江崎和博・高根宏士他著‥‥‥‥256頁・定価3080円

❼半導体LSI技術
　牧野博之・益子洋治他著‥‥‥‥302頁・定価3080円

❽ソフトコンピューティングの基礎と応用
　馬場則夫・田中雅博他著‥‥‥‥192頁・定価2860円

❾デジタル技術とマイクロプロセッサ
　小島正典・深瀬政秋他著‥‥‥‥230頁・定価3080円

❿アルゴリズムとデータ構造
　西尾章治郎監修／原　隆浩他著　160頁・定価2640円

⓫データマイニングと集合知　基礎からWeb、ソーシャルメディアまで
　石川　博・新美礼彦他著‥‥‥‥254頁・定価3080円

⓬メディアとICTの知的財産権 第2版
　菅野政孝・大谷卓史他著‥‥‥‥276頁・定価3190円

⓭ソフトウェア工学の基礎
　神長裕明・郷　健太郎他著‥‥‥202頁・定価2860円

⓮グラフ理論の基礎と応用
　舩曳信生・渡邉敏正他著‥‥‥‥168頁・定価2640円

⓯Java言語によるオブジェクト指向プログラミング
　吉田幸二・増田英孝他著‥‥‥‥232頁・定価3080円

⓰ネットワークソフトウェア
　角田良明編著／水野　修他著‥‥192頁・定価2860円

⓱コンピュータ概論
　白鳥則郎監修／山崎克之他著‥‥276頁・定価2640円

⓲シミュレーション
　白鳥則郎監修／佐藤文明他著‥‥260頁・定価3080円

⓳Webシステムの開発技術と活用方法
　速水治夫編著／服部　哲他著‥‥238頁・定価3080円

⓴組込みシステム
　水野忠則監修／中條直也他著‥‥252頁・定価3080円

㉑情報システムの開発法:基礎と実践
　村田嘉利編著／大場みち子他著‥200頁・定価3080円

㉒ソフトウェアシステム工学入門
　五月女健治・工藤　司他著‥‥‥180頁・定価2860円

㉓アイデア発想法と協同作業支援
　宗森　純・由井薗隆也他著‥‥‥216頁・定価3080円

㉔コンパイラ
　佐渡一広・寺島美昭他著‥‥‥‥174頁・定価2860円

㉕オペレーティングシステム
　菱田隆彰・寺西裕一他著‥‥‥‥208頁・定価2860円

㉖データベース ビッグデータ時代の基礎
　白鳥則郎監修／三石　大他編著‥280頁・定価3080円

㉗コンピュータネットワーク概論
　水野忠則監修／奥田隆史他著‥‥288頁・定価3080円

㉘画像処理
　白鳥則郎監修／大町真一郎他著‥224頁・定価3080円

㉙待ち行列理論の基礎と応用
　川島幸之助監修／塩田茂雄他著‥272頁・定価3300円

㉚C言語
　白鳥則郎監修／今野将編集幹事・著192頁・定価2860円

㉛分散システム 第2版
　水野忠則監修／石田賢治他著‥‥268頁・定価3190円

㉜Web制作の技術 企画から実装，運営まで
　松本早野香編著／服部　哲他著‥208頁・定価2860円

㉝モバイルネットワーク
　水野忠則・内藤克浩監修‥‥‥‥276頁・定価3300円

㉞データベース応用 データモデリングから実装まで
　片岡信弘・宇田川佳久他著‥‥‥284頁・定価3520円

㉟アドバンストリテラシー　ドキュメント作成の考え方から実践まで
　奥田隆史・山崎敦子他著‥‥‥‥248頁・定価2860円

㊱ネットワークセキュリティ
　高橋　修監修／関　良明他著‥‥272頁・定価3080円

㊲コンピュータビジョン 広がる要素技術と応用
　米谷　竜・斎藤英雄編著‥‥‥‥264頁・定価3080円

㊳情報マネジメント
　神沼靖子・大場みち子他著‥‥‥232頁・定価3080円

㊴情報とデザイン
　久野　靖・小池星多他著‥‥‥‥248頁・定価3300円

続刊書名

・コンピュータグラフィックスの基礎と実践

・可視化

（価格，続刊署名は変更される場合がございます）

【各巻】B5判・並製本・税込価格

共立出版

www.kyoritsu-pub.co.jp